KB092037

좋을지 나쁠지 어떨지

유전자가위 크리스퍼

좋을지 나쁠지 어떨지 유전자가위 크리스퍼
DNA와 염색체로 시작하는 유전학 기초부터
동물 복지와 맞춤 아기를 비롯한 생명 윤리 수업까지

초판 1쇄 발행 2021년 6월 15일
초판 4쇄 발행 2024년 5월 10일

지은이 욜란다 리지
그린이 알렉스 보어스마
옮긴이 이충호
펴낸이 이영선
책임편집 김영아

편집 이일규 김선정 김문정 김종훈 이민재 이현정
디자인 김회량 위수연
독자본부 김일신 손미경 정혜영 김연수 김민수 박정래 김인환

펴낸곳 서해문집 | 출판등록 1989년 3월 16일(제406-2005-000047호)
주소 경기도 파주시 광인사길 217(파주출판도시)
전화 (031)955-7470 | 팩스 (031)955-7469
홈페이지 www.booksea.co.kr | 이메일 shmj21@hanmail.net

ISBN 979-11-90893-65-7 43470

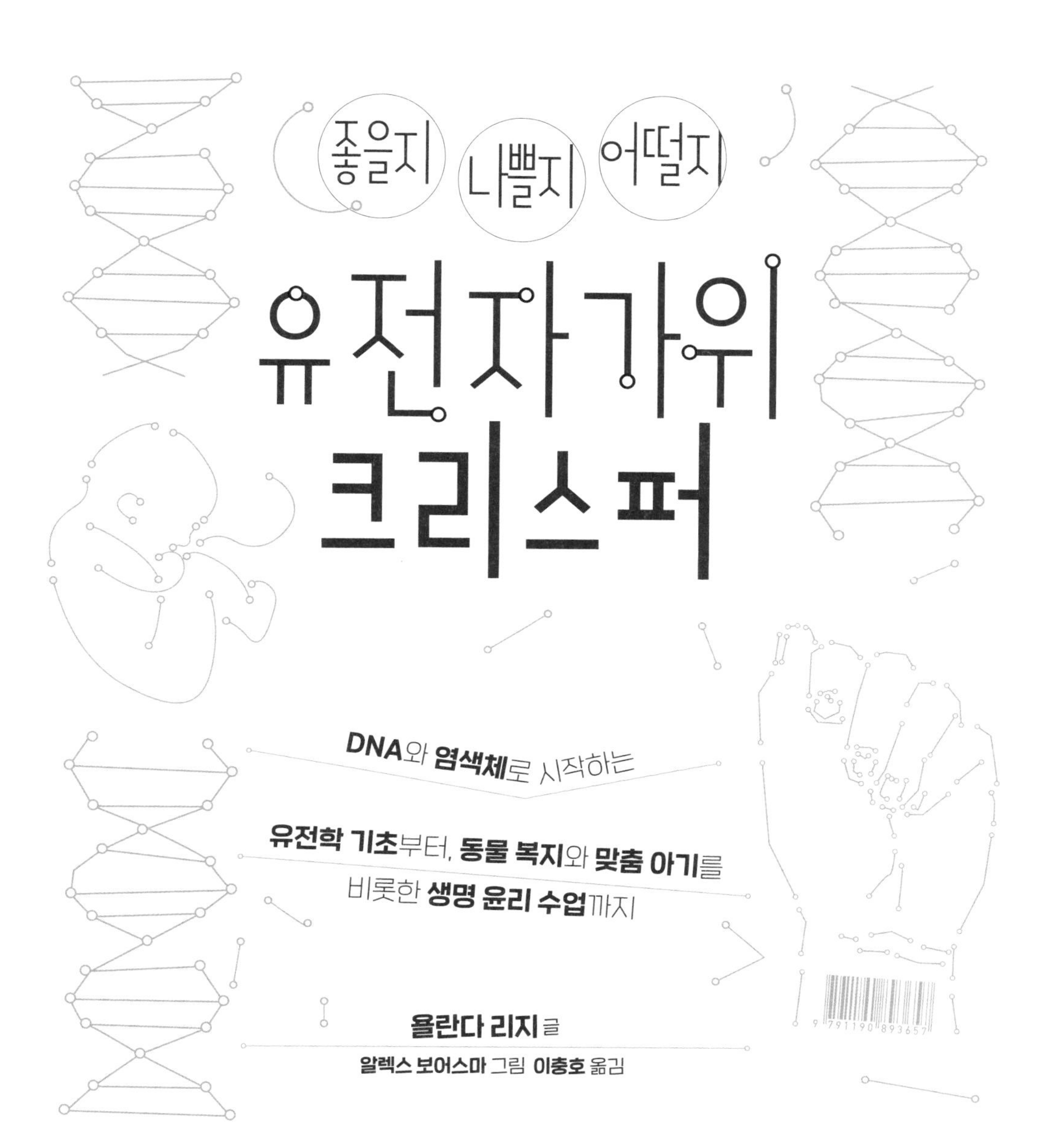

좋을지 나쁠지 어떨지

유전자가위 크리스퍼

DNA와 **염색체**로 시작하는

유전학 기초부터, **동물 복지**와 **맞춤 아기**를
비롯한 **생명 윤리 수업**까지

욜란다 리지 글

알렉스 보어스마 그림 **이충호** 옮김

9 791190 893657

서해문집

이전에 유전 상담을 함께 공부한 모든 동료와 스승, 친구,
그리고 유전 기술의 사용을 미래로 이끄는
모든 사람에게 이 책을 바친다
_ 욜란다 리지

부모님과 고모, 남편의 사랑과 지원에 감사드리며
그들에게 이 책을 바친다
_ 알렉스 보어스마

차례

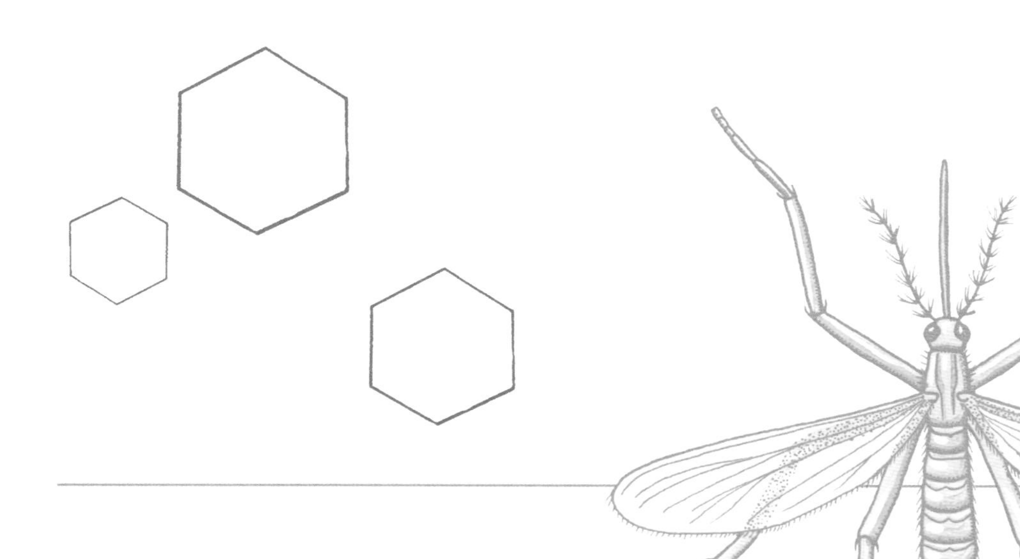

머리말

병에 걸리거나 아픈 사람이(심지어 반려동물도) 전혀 없는 세상을 상상해보라. 환경을 파괴하지 않으면서 모두를 먹여 살릴 만큼 충분한 식량이 생산되는 세상을 상상해보라. 또, 과거에 멸종한 동물들이 클로닝(클론을 만드는 일) 기술로 되살아나 다시 자유롭게 돌아다니는 세상을 상상해보라.

도저히 믿기 힘든 환상적인 이야기로 들리는가?

하지만 크리스퍼CRISPR 덕분에 이 모든 일이(그리고 이보다 더한 일도) 새로운 현실이 될 수 있다는 이야기를 들으면 깜짝 놀랄 것이다. 크리스퍼는 이전에는 불가능했던 방식으로 유전자를 편집할 수 있는 생명공학 기술이다.

우리는 이제 유전자 편집을 사용해 질병을 옮기는 모기를 박멸하고, 멸종한 털매머드를 되살리는 방법을 살펴볼 것이다. 또,이 기술로 암을 치료하고 미래의 팬데믹(전염병이 세계적으로 유행하는 현상 또는 그런 병)을 예방하는 방법도 살펴볼 것이다. 게다가 기후 변화에 적응하고, 알레르기를 일으키지 않으면서 영양분을 듬뿍 함유한 식량을 만드는 방법도 살펴볼 것이다.(케일보다 영양분이 훨

씬 많은 초콜릿 이야기라면, 제발 그랬으면!)

크리스퍼 기술은 새로운 기술이고 계속 발전하고 있기 때문에, 유전자 편집이 일상화된 미래의 삶이 어떤 모습일지 예상하기는 쉽지 않다. 그 가능성은 무궁무진하고 경이롭지만, 다소 섬뜩한 측면도 있다. 지금까지 우리는 지구를 제대로 돌보지 못했는데, 전체 생명의 그물에 손을 대면 과연 어떤 일이 벌어질까? 혹은 자연스러운 진화 경로를 변화시키면 어떤 일이 벌어질까? 그러다 언젠가 사람의 정의를 바꾸어야 하는 때가 오는 것은 아닐까?

이 책에서는 크리스퍼의 배경 과학을 자세히 들여다보면서 유전자 편집에 찬성하는 의견과 반대하는 의견(각 장의 끝에 있는 '찬성', '반대', '신중한 접근'을 참고하라)도 살펴보고, 유전자 편집이 우리의 삶에 어떤 영향을 미칠지 돌아보는 질문들('예리한 질문' 참고)도 검토할 것이다. 사회가 이 강력한 기술을 사용해야 할지 말아야 할지, 아니면 신중하게 사용해야 할지를 결정하는 문제를 놓고 우리 모두가 고민해야 할 때가 곧 다가올 것이다.

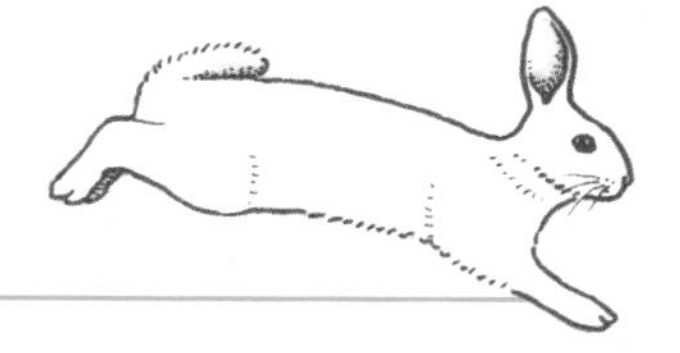

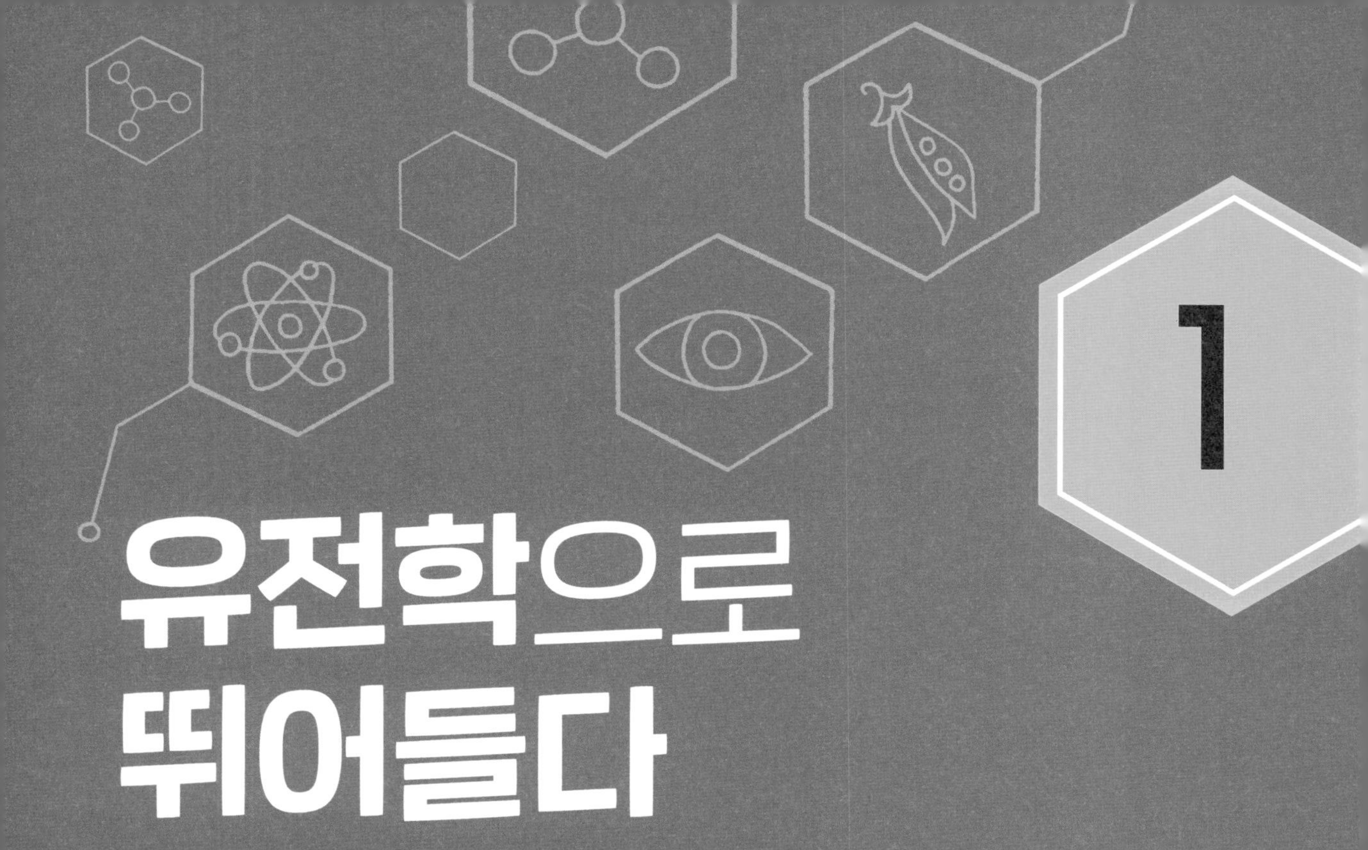

1

유전학으로 뛰어들다

유전자 편집을 사용해 건강을 향상시키고 식량을 원활히 공급하며 멸종 없는 세상이 올 수 있음을 아는 것과 그 과정을 제대로 이해하는 것은 큰 차이가 있다.
예를 들면, 유전자 편집을 사용해 개인이 유전병을 물려받을 가능성을 '제거하거나' 특정 해충을 물리치는 능력을 작물에 '집어넣는' 원리와 방법은 어떤 것일까?
유전자 편집의 원리를 이해하려면, 먼저 유전자의 작용 방식을 이해할 필요가 있다.

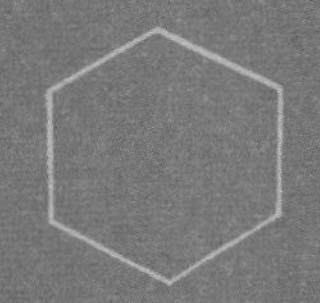

유전체: 개인의 사용 설명서

우선 큰 그림부터 살펴보기로 하자. 세균에서 원숭이에 이르기까지 모든 생물은 유전체(게놈genome이라고도 함)를 갖고 있다. 유전체는 아주 자세한 사용 설명서와 같다. 유전체는 몸이 어떤 기능을 해야 하는지 지시하는 정보를 담고 있을 뿐만 아니라, 그 정보가 한 세대에서 다음 세대로 확실하게 전달되게 한다. 발가락을 자라게 하는 것에서부터 뇌를 만드는 것에 이르기까지 우리 몸의 모든 일에 관한 지시가(그리고 그 모든 것을 유지하는 데 필요한 추가 정보까지) 유전체에 담겨 있다. 유전체는 우리 부모에게도 이와 비슷한 지시 사항을 제공했고, 우리 후손에게도 이 모든 일을 어떻게 해야 하는지 분명히 알게 해준다.

모든 종은 제각각 다르고 그 유전체도 제각각 다르다(비록 모기의 유전체와 코끼리의 유전체는 여러분이 생각하는 것보다 훨씬 비슷하긴 하지만). 여기서는 우리에게 가장 중요한 존재인 사람에 초점을 맞춰 살펴보기로 하자.

우리 몸을 이루는 대다수 세포는 그 지휘 본부(세포핵)에 사용 설명서가 한 부씩 들어 있다. 사람의 몸을 이루는 세포의 수는 약 37조 2000억 개(숫자로 쓰면 37,200,000,000,000개!)나 된다. 그러니 이와 비슷한 수의 동일한 사용 설명서가 우리 몸속에 들어 있다!

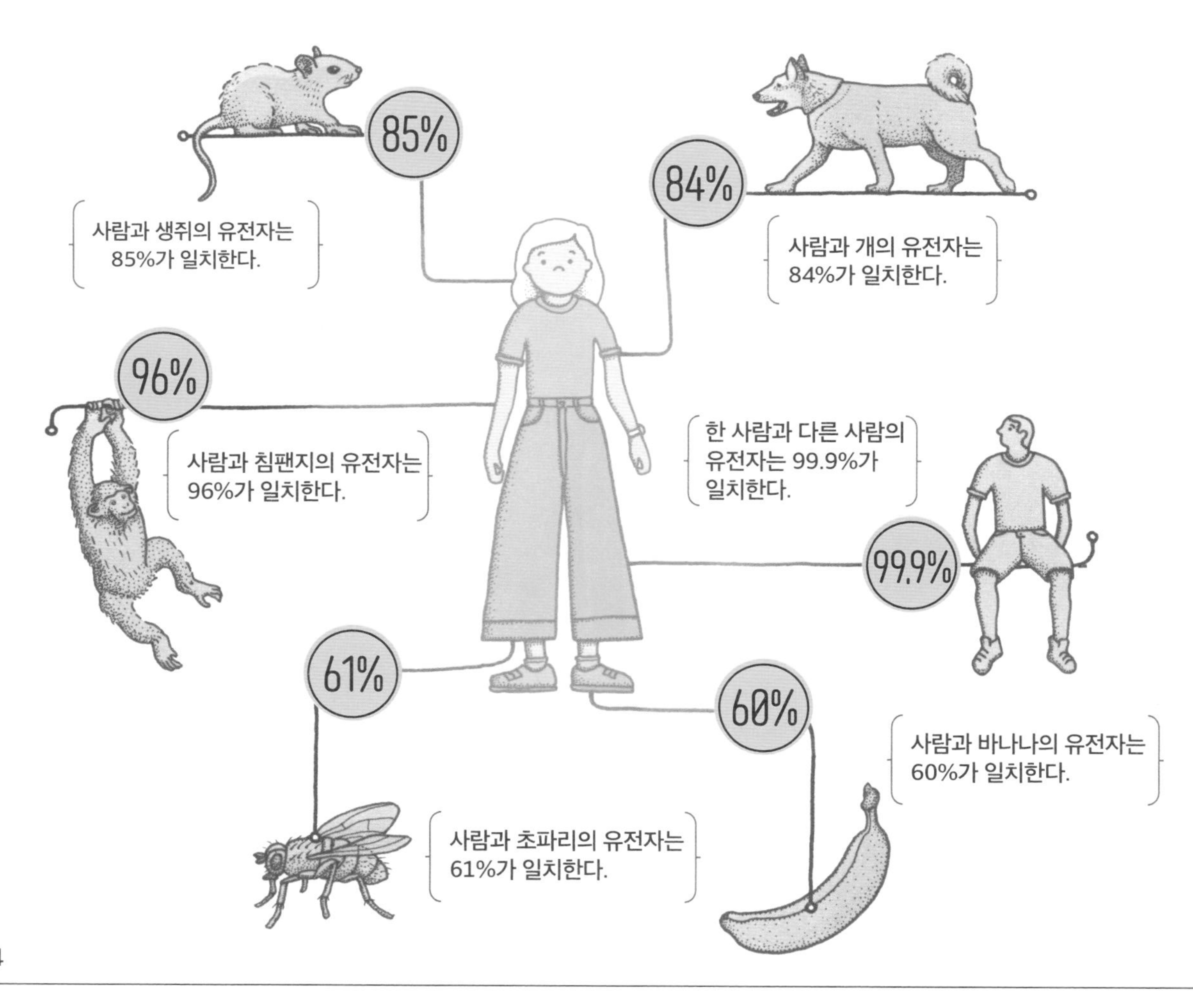

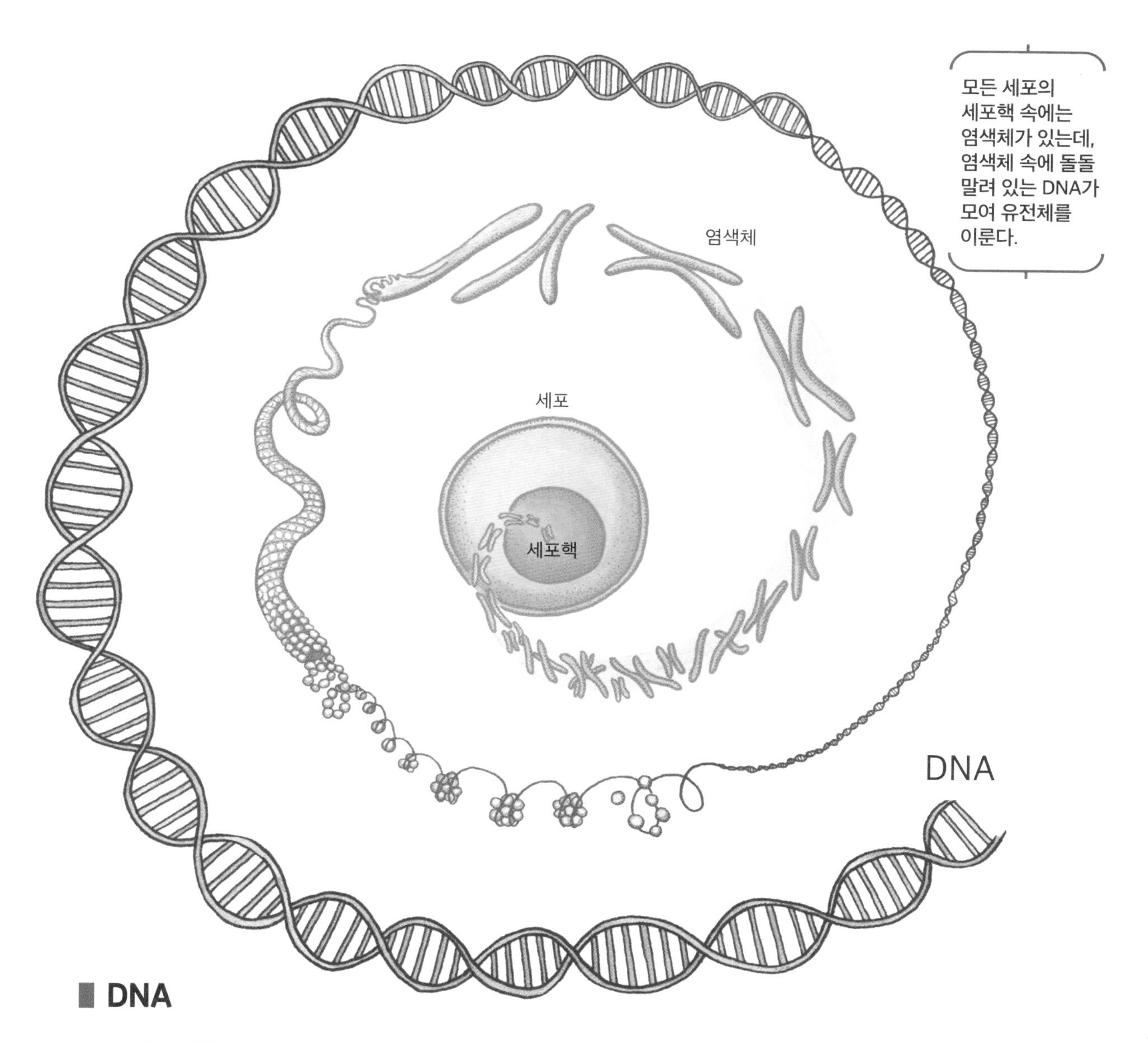

DNA

우리가 일상생활에서 접하는 사용 설명서는 단어로 적혀 있지만, 유전체는 DNA로 적혀 있다. 유전체를 풀어서 초고성능 현미경으로 확대해 보면, 그 기본 단위가 DNA임을 알 수 있다.

그런데 DNA는 무엇일까? DNA는 데옥시리보핵산 deoxyribonucleic acid을 줄여서 부르는 말인데, 데옥시리보핵산은 뉴클레오타이드들이 기다란 끈 모양으로 늘어선 고분자 화합물이다. DNA는 나선 모양으로 늘어선 두 가닥의 끈으로 이루어져 있는데, 이를 이중 나선 구조라고 부른다. DNA를 비틀린 사다리로 생각한다면, 각각의 뉴클레오타이드 끈은 양쪽 기둥에 해당한다. 그리고 양쪽 기둥을 연결하는 단들은 각각의 뉴클레오타이드에서 뻗어 나온 질소 염기들로 이루어져 있는데, 반대편에서 뻗어 나온 자신의 짝과 결합돼 있다. 그래서 이 각각의 뉴클레오타이드 쌍들을 흔히 '염기쌍'이라고 부른다.

영어 알파벳은 모두 26개의 문자로 이루어져 있는 반면, DNA를 이루는 문자는 A, G, T, C — 이렇게 단 4개뿐이다. 이 문자들은 각각 염기인 아데닌adenine, 구아닌guanine, 티민thymine, 사이토신cytosine을 가리킨다. DNA에서 아데닌은 티민하고만, 사이토신은 구아닌하고만 짝을 이뤄 결합한다.

DNA에서는 염기 3개가 모여 하나의 단어를 만드는데, 이를 코돈codon이라고 부른다. 3개의 문자로 이루어진 이 단어들이 모여 문장을 이룬다. 그리고 이 문장들이 모여 사용 설명서를 이룬다.

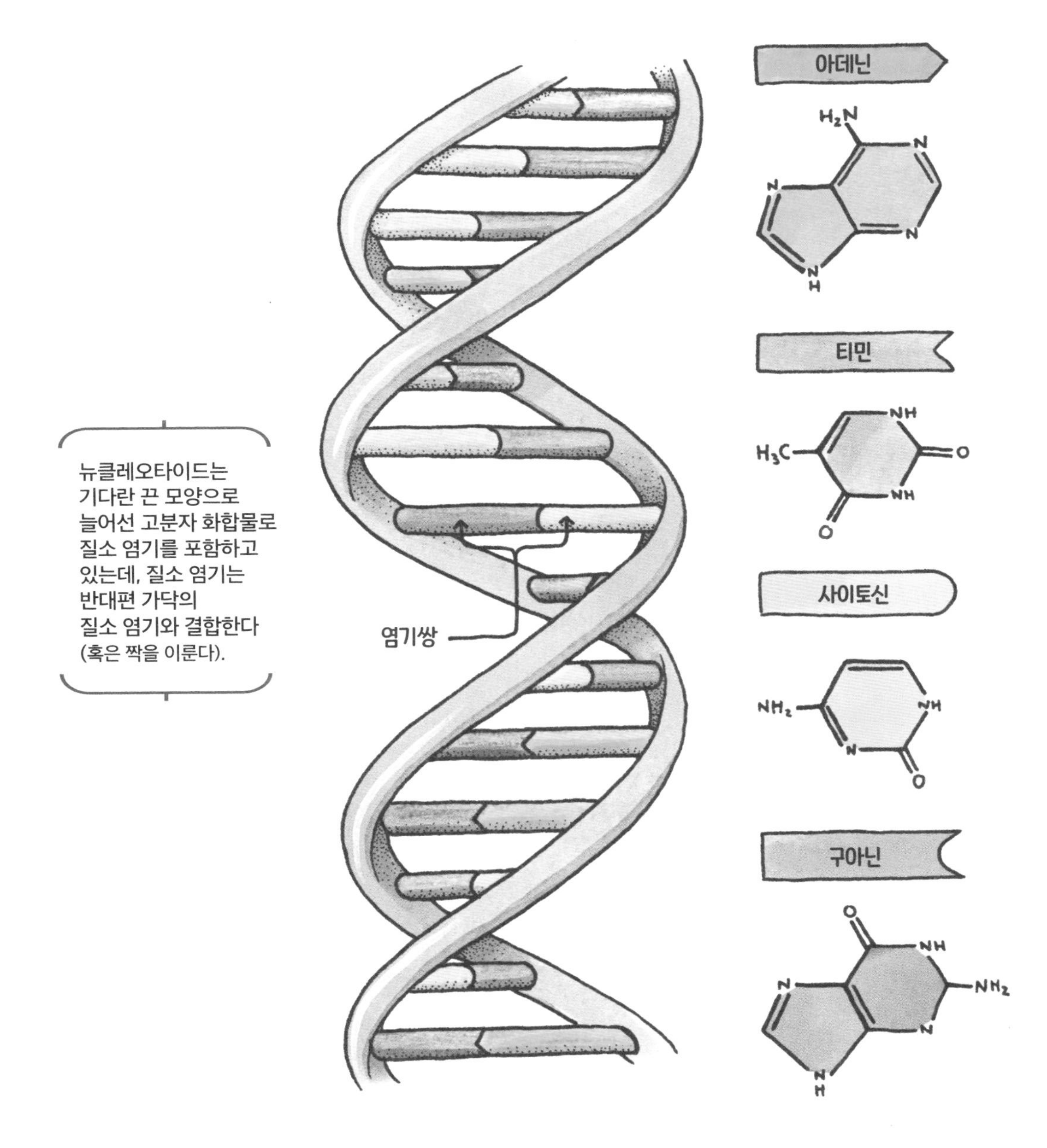

그 작용 원리를 이해하기 위해 우리의 유전체가 장난감 벽돌로 여러 가지 구조를 만드는 법이 적힌 사용 설명서라고 상상해보자.

물론 사람의 유전체는 우리 몸에 무지개를 어떻게 만들라고 지시하지는 않는다. 대신에 생각하는 것에서부터 음식물을 소화하는 것에 이르기까지 모든 일을 하는 법을 37조 개의 세포에 지시한다. 이 모든 것은 우리가 제대로 기능하면서 살아가려면 꼭 필요한 '지시'이다.

1. 사용 설명서를 살펴보면서 우리가 만들고자 하는 것을 찾는다. 예를 들어 무지개를 만들어야 한다고 하자.
2. 무지개 만드는 법을 설명하는 단계별 지시들의 맨 앞에 세 문자로 된 단어(코돈)가 있다. 이것은 작업의 '시작'을 뜻하므로, 개시 코돈이라 부른다.
3. 바로 그 뒤에 맨 먼저 선택할 벽돌을 가리키는 세 문자 단어가 있다.
4. 그다음에는 거기에 덧붙일 크기와 모양을 가진 다음 번 벽돌을 가리키는 세 문자 단어가 있다.
5. 이런 식으로… 계속 이어지다가 마침내 '멈춤'을 알리는 세 문자 단어가 나타난다. 이것은 작업의 '끝'을 뜻하므로, 종결 코돈이라 부른다.
6. 이렇게 해서 무지개가 완성되었다!

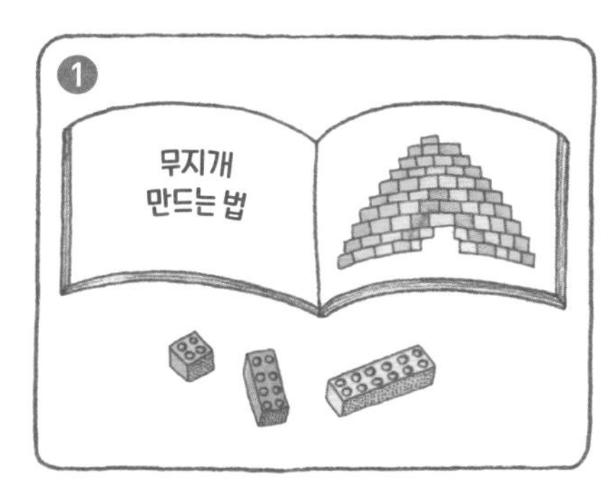

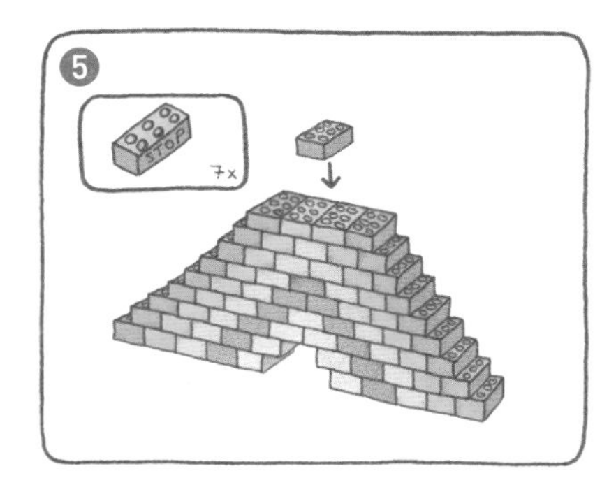

유전자

자, 그렇다면 유전자는 어디에 있을까? 유전체를 세포의 전체 사용 설명서라고 본다면, 각각의 유전자는 개개의 문장에 해당한다. 유전자는 특정 물질(단백질)을 만들라고 지시한다. 단백질을 만들려고 할 때에는 먼저 DNA 두 가닥이 지퍼처럼 풀리고, 전령 RNAmessenger RNA(줄여서 mRNA라고 함)가 이를 복제하는 일이 일어난다.(RNA는 리보핵산ribonucleic acid을 가리키는데, 염기 중에서 T가 U로 대체되고 한 가닥의 끈만으로 이루어진 DNA라고 할 수 있다.) 단백질을 이루는 아미노산은 20가지가 있는데, mRNA의 세 문자 단어들은 각각의 아미노산을 만드는 지시에 해당한다. 무지개를 만드는 데 쓰인 장난감 벽돌처럼 아미노산들은 다양하게 조합되어 단백질을 만든다.

무지개는 그다지 쓸모 있는 게 아니지만(멋진 사진을 원하는 사람이나 이룰 수 없는 꿈을 좇는 사람이 아니라면), 단백질은 음식물 소화(효소를 사용해)에서부터 눈 색깔(다양한 색소 단백질을 사용해)이나 키(호르몬을 사용해) 같은 형질의 결정에 이르기까지 우리 몸이 하는 모든 일에 꼭 필요하다.

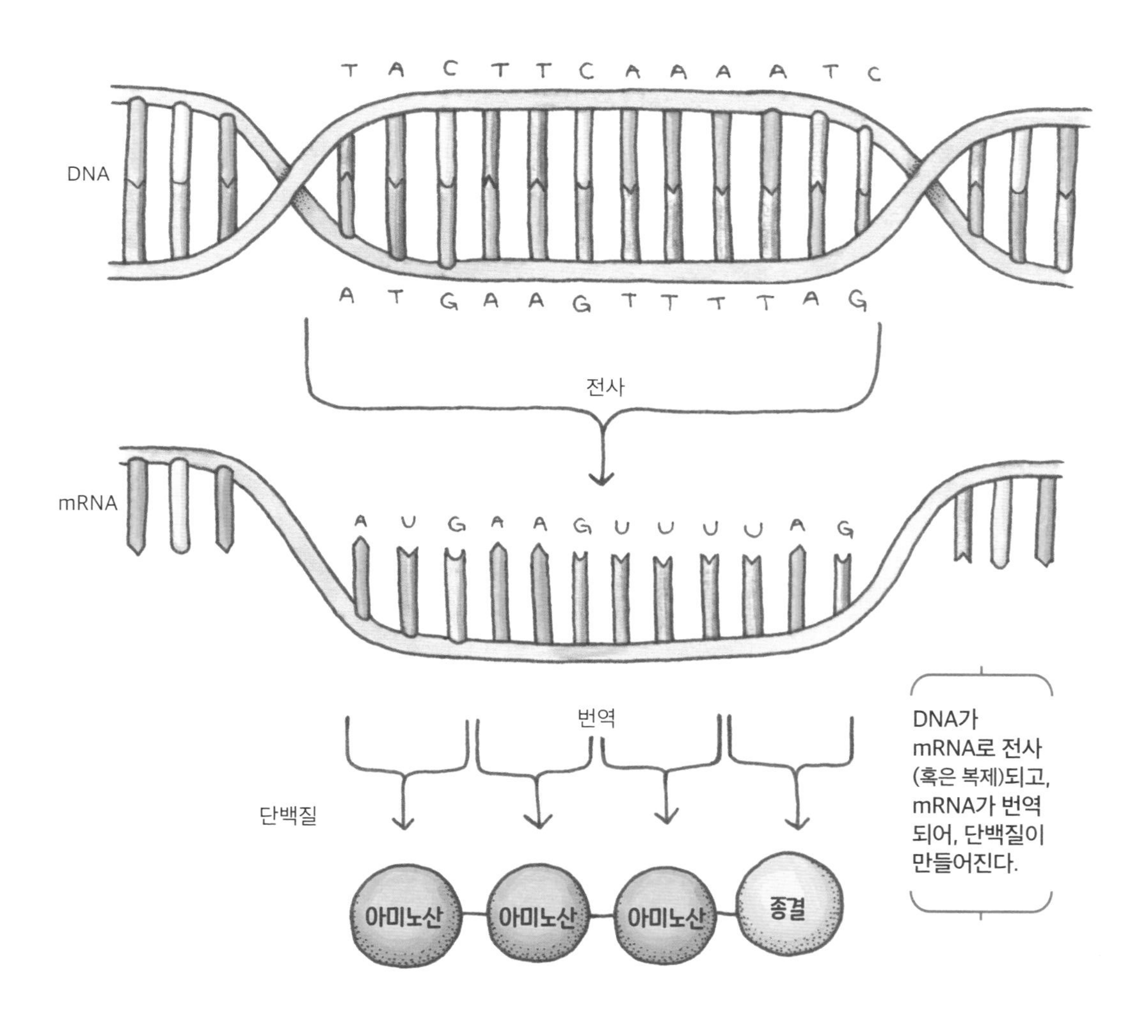

유전학의 아버지

유전학의 아버지라 불리는 그레고어 멘델은 오스트리아의 수도사였는데, 취미 생활로 완두를 재배했다. 아마추어 과학자이기도 했던 멘델은 완두에서 왜 서로 다른 형질들이 나타나는지 궁금했다. 키와 모양, 색 같은 형질이 어떻게 유전되는지 알아보기 위해 멘델은 '엄마' 완두와 '아빠' 완두를 선택해 수분受粉(수술의 꽃가루가 암술머리에 옮겨 붙는 일)을 인위적으로 조작함으로써 '자식' 완두를 만들었다.

멘델은 키가 큰 엄마 완두를 키가 작은 아빠 완두와 교배시키면 중간 키의 자식 완두가 태어날 것이라고 예상했지만, 실제 결과는 그렇지 않았다. 대신에 모두 키가 큰 자식 완두가 태어났다. 이 완두 실험에서 멘델은 키가 큰 형질이 키가 작은 형질보다 '우성'이라는 사실을 알게 되었다. 멘델이 1850년대에 한 이 실험에서 발견한 결과는 우성과 열성 형질을 이해하는 기초가 되었다.

키가 작은 완두
(tt)

키가 큰 완두
(TT)

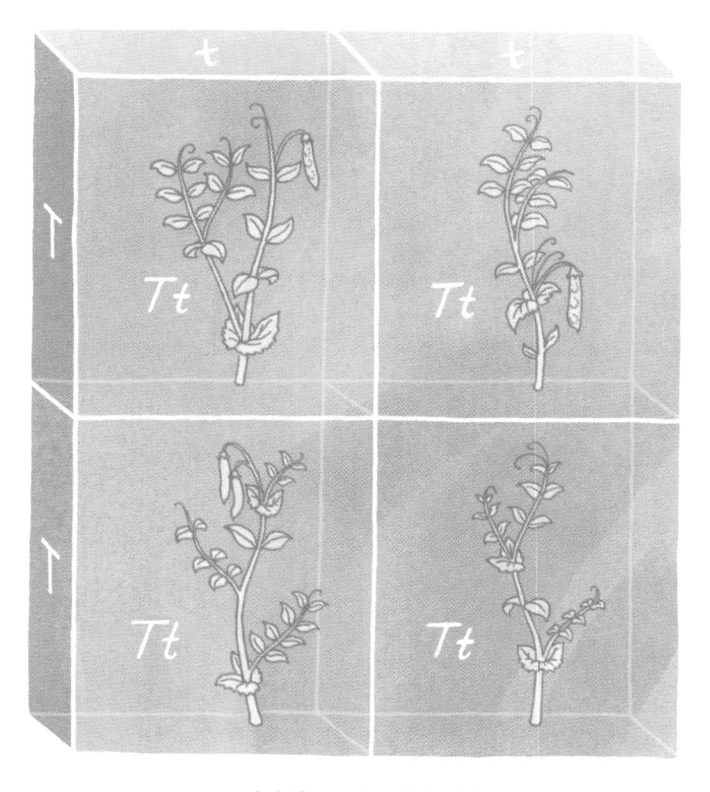

키가 큰 완두가 키가 큰 유전자(T)를 2개 갖고 있다면, 다음 세대에 T를 하나만 전달할 수 있다. 키가 작은 완두가 키가 작은 유전자(t)를 2개 갖고 있다면, 다음 세대에 t를 하나만 전달할 수 있다. 다음 세대에서는 모든 완두의 키가 큰데, 이 유전자는 T가 t보다 우성이기 때문이다.

자식 완두는 모두 키가 크다.

염색체

이 모든 DNA(유전 암호에 해당하는 문자들과 그 사이의 비암호화 지역)는 염색체 속에 들어 있다. 사람의 유전체는 23쌍(즉 46개)의 염색체로 이루어져 있다.

1번부터 22번까지의 염색체(상염색체라 부르는 이 염색체들은 편의상 크기순으로 번호가 매겨져 있다) 쌍은 모두 서로 비슷하지만 정확하게 똑같지는 않은 두 염색 분체로 이루어져 있다. 예를 들면, 15번 염색체를 이루는 두 염색 분체에는 눈 색깔을 정하는 유전자가 들어 있다. 하지만 이 유전자의 한 카피copy(복제본)에는 갈색 눈을, 다른 카피에는 파란색 눈을 만드는 암호가 들어 있을 수 있다. 그래서 이 둘은 비슷하지만 정확하게 똑같진 않다 (22쪽, '눈 색깔의 결정' 참고).

23번 염색체(성염색체) 쌍은 두 염색 분체가 반드시 동일한 종류여야 하는 것은 아니다. 여자의 23번 염색체 쌍은 상염색체 쌍처럼 서로 비슷하게 생긴 동일한 종류의 X 염색체 2개로 이루어져 있다. 반면에 남자는 크기와 내용물이 서로 다른 X 염색체와 Y 염색체가 쌍을 이루고 있다. 사실, 남성 생식 기관을 만드는 데 필요한 단백질 생성 유전자는 Y 염색체에만 들어 있다.

세포핵에서 분리해 염색한 뒤 확대한 사람의 염색체 한 벌

그런데 왜 모든 염색체는 염색체의 복제본인 염색 분체가 2개씩 필요할까? 그것은 바로 유전 때문이다. 각 염색체 쌍을 이루는 두 염색 분체 중 하나는 어머니에게서, 다른 하나는 아버지에게서 온 것이다.

예를 들어 피부세포나 뇌세포가 분열하여 새로운 세포를 만들 때, 사용 설명서의 모든 페이지(즉 모든 염색체)를 복제하여 자신과 동일한 클론clone(한 세포나 개체로부터 무성 생식으로 증식한, 유전적으로 동일한 세포 또는 개체)을 만든다. 하지만 생식세포가 분열하여 난자나 정자를 만들 때에는 자신의 염색체 수를 절반으로 줄인다. 아기가 부모의 클론이 아니라, 두 사람의 특성이 조합된 형태로 태어나는 것은 이 때문이다.

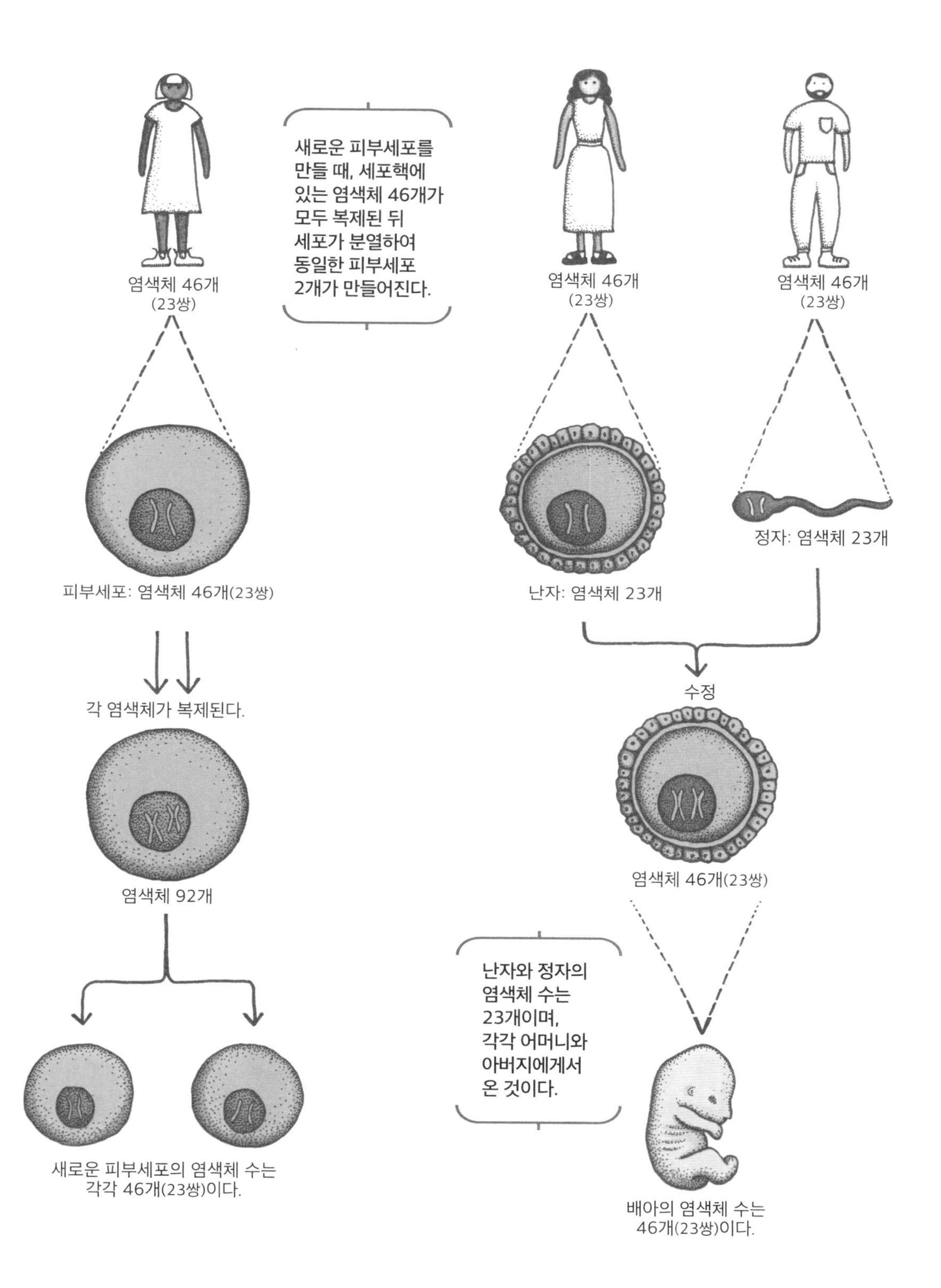
새로운 피부세포를 만들 때, 세포핵에 있는 염색체 46개가 모두 복제된 뒤 세포가 분열하여 동일한 피부세포 2개가 만들어진다.
염색체 46개 (23쌍)
염색체 46개 (23쌍)
염색체 46개 (23쌍)
정자: 염색체 23개
피부세포: 염색체 46개(23쌍)
난자: 염색체 23개
수정
각 염색체가 복제된다.
염색체 46개(23쌍)
염색체 92개
난자와 정자의 염색체 수는 23개이며, 각각 어머니와 아버지에게서 온 것이다.
새로운 피부세포의 염색체 수는 각각 46개(23쌍)이다.
배아의 염색체 수는 46개(23쌍)이다.

이제 우리가 왜 아버지와 어머니를 반반씩 닮았는지 이해가 갈 것이다(물론 개중에는 누구를 닮은 것이 아니라, 자신이 독특한 존재라고 생각하길 좋아하는 사람도 있겠지만). 또, 유전자가 DNA로 이루어져 있고, 염색체는 유전자로 이루어져 있으며, 염색체들이 모여 전체 유전체를 이루고, 유전체는 우리가 발달하고 성장하고 기능을 하는 데 필요한 단백질을 만드는 사용 설명서와 같다는 것도 알아보았다. 이제 이렇게 기본 지식을 알았으니, 유전자 편집이라는 놀라운 기술을 살펴볼 준비가 되었다.

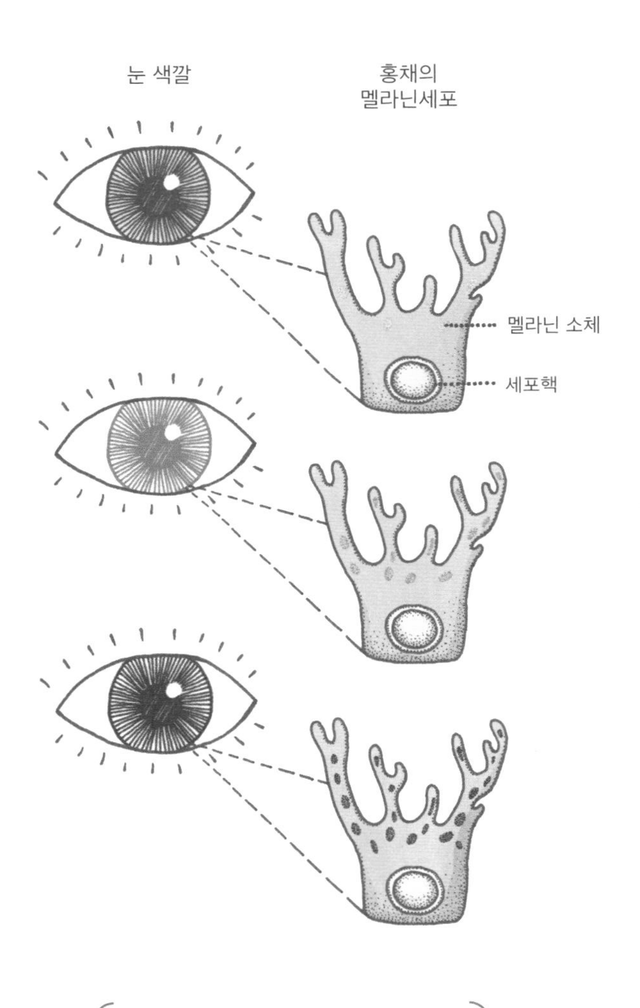

눈 색깔은 홍채 속의 세포들에서 만들어지고 저장된 색소의 양에 따라 결정된다.

눈 색깔의 결정

부모로부터 자식에게 전달되는 형질을 유전자가 결정한다는 사실을 처음 알아냈을 때, 과학자들은 눈 색깔 같은 단순한 형질은 한 유전자가 결정할 것이라고 생각했다. 멘델이 완두의 '키가 큰' 형질은 '키가 작은' 형질에 비해 우성이라고 말한 것처럼(19쪽, '유전학의 아버지' 참고) 과학자들은 갈색 눈이 파란색 눈과 초록색 눈에 비해 우성이라고 생각했다.

하지만 이것은 너무 단순한 생각이었다. 지금은 눈 색깔의 결정에 여러 유전자가 관여한다는 사실이 밝혀졌다. 일부 유전자는 홍채 내에서 특정 세포들이 색소를 얼마나 많이 만들어야 하는지 지시한다. 눈 색깔은 눈의 구조 같은 요인들 외에 홍채에서 만들어져 저장되는 색소의 양에도 좌우된다.

여기에 큰 역할을 하는 유전자 2개가 15번 염색체에 있다. 이 두 유전자는 동일한 상염색체에서 서로 아주 가까이 위치해 대개 짝을 이루어 함께 전달되는데, 그래서 양쪽 부모가 다 파란색 눈을 가졌을 경우, 파란색 눈을 가진 아이가 태어날 가능성이 아주 높다. 하지만 부모님이 둘 다 파란색 눈인데 자신만 갈색 눈이라고 해서 주워 온 자식이 아닐까 의심하진 말도록. 그저 다른 유전자들의 작용으로 얼마든지 그런 일이 일어날 수 있다.

2

유전체를 고쳐 쓰다

우리가 유전체(혹은 사용 설명서)를 바꾸고 재배열하는 능력은 새로운 것이 아니다. 초기의 우리 조상이 야생 식물(야생 밀의 씨를 채집해 심음으로써)과 동물(야생 염소를 길들임으로써)을 길들이기 시작했을 때, 특정 성질을 바탕으로 어떤 식물과 동물을 길러야 할지 선택했다. 예를 들어 밀 중에서 유달리 크게 자라고 폭풍우에도 살아남을 만큼 튼튼한 낟알을 맺는 줄기가 있다면, 그 줄기에서 씨를 모아 심음으로써 다음 세대의 밀을 재배했다. 그 당시 농부들은 알지 못했겠지만, 그들은 다음 세대로 전달되길 원하는 특정 형질을 선택함으로써 동물과 식물의 유전자를 조작했다.

오늘날 유전자 조작을 통해 만들어진 산물은 도처에 널려 있다. 여러분 집의 찬장과 식료품 가게, 심지어 시리얼 그릇에도 있다! 아침에 콘플레이크를 먹었거나 점심때 샐러드를 먹었다면, 여러분은 유전자 변형 식품을 먹었을 가능성이 매우 높다. 그리고 무가당 껌을 씹거나 면제품 티셔츠를 입고 있다면, 여러분은 유전자 변형 제품과 접촉하고 있는 셈이다.

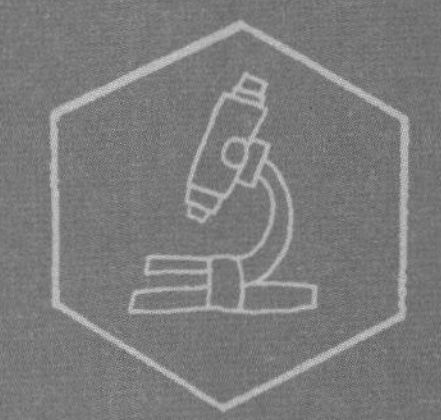

유전공학의 역사

우리는 수천 년 전부터 많은 생물의 유전자를 조작했다. 그중에서 중요한 사건들을 일부 살펴보자:

18세기— 선택 교배를 통한 품종 개량이 과학적으로 인정받는다. 하지만 인류는 1만 년 전부터 바람직한 형질을 얻기 위해 선택 교배를 사용해왔다.

1850년대— 멘델이 완두 실험을 통해 형질이 부모 세대에서 자식 세대로 어떻게 전달되는지 알아냈다(1장 참고).

1991년— 면역 결핍증을 앓던 네 살 소녀 아샨티 데 실바에게 시도한 유전자 치료가 최초로 성공을 거두었다.

1994년— 최초의 형질 전환 식품인 플레이버 세이버 토마토가 식료품 가게에 등장했다(6장 참고).

1996년— 최초의 복제 동물인 복제 양 돌리가 태어났다.

2003년— 선홍색 형광을 내는 열대어가 미국에서 최초의 유전자 변형 애완동물로 판매되기 시작했다.

2007년— 과학자들이 크리스퍼-카스9가 세균 면역계의 일부임을 밝혀냈다.

이제 CRISPR에서 앞의 세 문자를 살펴보자. 이 세 문자는 짧은 회문 구조의 반복 서열 위치를 알려준다. 'Clustered'는 유전체에서 함께 무리를 지어 모여 있다는 뜻이고, 'Regularly Interspaced'는 이 반복 서열들 사이에 독특한 DNA 조각이 끼여 있다는 뜻이다.

수수께끼를 풀다

과학자들은 세균에서 크리스퍼를 처음 발견했을 때, 이 반복 서열이 무슨 일을 하는지 전혀 몰랐다. 그리고 그 사이에서 발견된 독특한 DNA 조각이 더 큰 혼란을 일으켰다. 이것들은 도대체 무슨 기능을 하는 것일까?

결국 크리스퍼는 세균의 면역계에서 중요한 부분을 차지한다는 사실이 밝혀졌다. 크리스퍼는 과거의 감염 사례로부터 교훈을 배워 미래의 공격에 대비하는 일에 쓰인다.

바이러스의 공격(그렇다, 병원균끼리도 서로 싸운다!)을 물리치는 데 성공한 세균 세포는 미래의 공격에 대비해 공격자의 DNA 조각을 보관한다. 이 독특한 DNA 조각은 세균 자신의 유전체에 저장된다.

1장에 나왔던 우리의 사용 설명서를 기억하는가? 이 바이러스의 DNA 조각들은 문제 해결 구역(사용 설명서에서 뭔가 잘못된 일이 일어났을 때 대처 방법이 적혀 있는 부분)이라고 부를 수 있는 곳에 함께 무리를 지어 모인다. 그리고 혹시라도 세균이 혼동을 일으켜 바이러스의 DNA 조각들로부터 우연히 단백질을 만드는 사고를 막기 위해, 문제 해결 구역을 크리스퍼의 짧은 회문 구조 반복 서열들로 확실히 경계를 지어놓는다.

다음 번에 세균이 또다시 공격을 당하면, 자신의 유전체에서 문제 해결 구역을 검색해 공격자의 정체를 확인한다. 만약 짧은 회문 구조의 반복 서열들 사이에 저장된 DNA 중에서 공격자의 DNA와 일치하는 것이 있으면, 세균 세포는 과거의 감염 경험에서 배운 지식을 바탕으로 공격자를 쉽게 물리칠 수 있다.

카스9: 크리스퍼 뒤에 숨어 있는 실세

세균은 침입해온 바이러스를 정확하게 어떤 방법으로 격퇴할까? 여기서 세포의 일꾼들(단백질)이 무대에 등장한다. 비록 모든 영광은 크리스퍼가 누리지만, 뒤에서 묵묵히 힘든 일을 하는 것은 크리스퍼 연관 단백질, 즉 카스 단백질Cas protein이다. 이 단백질은 카스 유전자가 만드는데, 카스 유전자는 편리하게도 유전체에서 크리스퍼 바로 옆에 있다.

카스 유전자 중 일부는 지퍼를 열듯이 DNA의 이중 나선을 열어젖히는 단백질을 만든다. 이 단백질을 헬리케이스helicase라고 부른다. 다른 카스 유전자들은 가위처럼 DNA를 자르는 단백질을 만든다. 이 단백질을 핵산 분해 효소nuclease라고 부른다.이 단백질들이 합쳐져 카스 복합체Cas complex를 만든다.

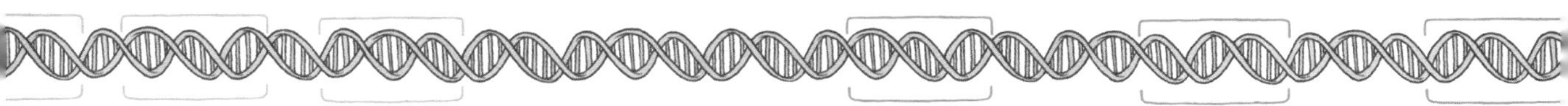

카스 단백질은 크리스퍼 반복 서열 바로 옆에 있는 유전자가 만든다.

카스 복합체는 여러 종류가 있지만, 여기서는 카스9에 초점을 맞춰 살펴볼 텐데, 우리의 목적을 위해 사용된 최초의 카스 복합체가 카스9이기 때문이다. 이론적으로 이 체계는 어떤 종류의 세포에서도 사용할 수 있지만, 자연에서 크리스퍼는 오직 세균과 그 밖의 단세포 생물에서만 발견된다.

세균 세포가 침입을 감지하면, 카스9가 이전의 공격을 통해 크리스퍼에 저장된 독특한 DNA 서열을 전부 다 복제한다. 카스9는 그 서열의 복제본—가이드 RNAguide RNA(줄여서 gRNA라고 함)라고 부르는—을 가지고 작업을 시작하는데, 침입자의 유전체 전체를 훑으면서 그것과 일치하는 서열을 찾는다. 이것은 컴퓨터에서 지문 서열을 찾아 파일들을 검색하는 안티바이러스 소프트웨어 프로그램과 비슷하다.

만약 일치하는 서열을 카스9가 찾아내면, 그 침입자가 바이러스(그것도 그냥 아무런 바이러스가 아니라, 이전에 침입했던 바이러스의 친척)임이 확인된다. 그러면 단백질 복합체 중에서 헬리케이스 부분이 바이러스의 DNA 이중 나선을 열어젖힌다. 그러고 나서 핵산 분해 효소가 DNA를 잘라서 토막낸다. 이제 바이러스는 세균을 감염시킬 수 없다. DNA가 분해된 바이러스는 죽은 것이나 다름없다.

단순한 세균 세포 치고는 아주 훌륭한 방어 체계처럼 보인다. 그런데 그 효율을 훨씬 높이는 요소가 있다. 세균이 바이러스의 DNA를 자신의 유전체에 집어넣었기 때문에, 이제 세균은 그 정보를 후손에게 전달할 수 있다. 세균이 분열할 때 그 DNA가 모두 복제되는데, 크리스퍼에 저장된 바이러스의 서열도 모두 포함된 채 복제된다.

카스 유전자: 헬리케이스와 핵산 분해 효소

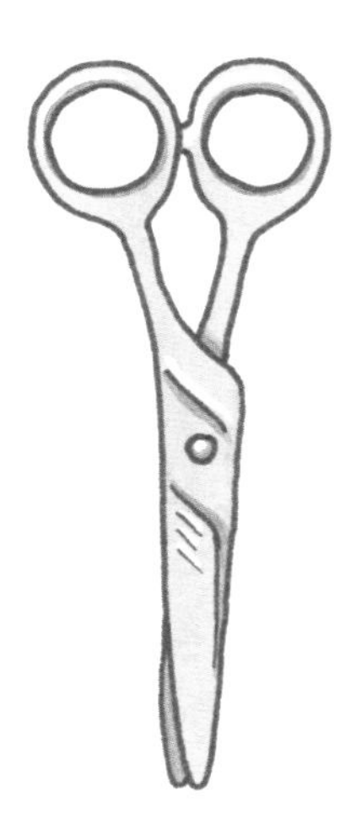

헬리케이스

핵산 분해 효소

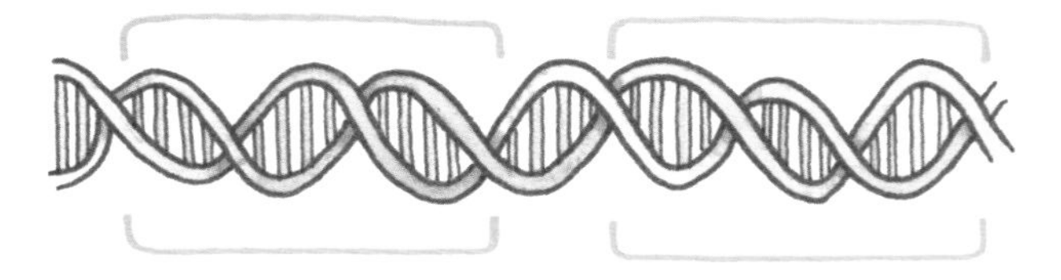

카스 유전자

1단계: 반복 서열들 사이에 저장된 독특한 DNA 조각이 gRNA로 복제된다.

2단계: 카스9가 gRNA를 바이러스의 유전체로 집어넣어 일치하는 DNA 서열이 있는지 찾는다.

3단계: 카스9가 일치하는 서열을 발견하면, 헬리케이스가 DNA 가닥을 열어젖힌다.

4단계: 카스9의 핵산 분해 효소가 DNA를 자른다.

크리스퍼-카스9 과정

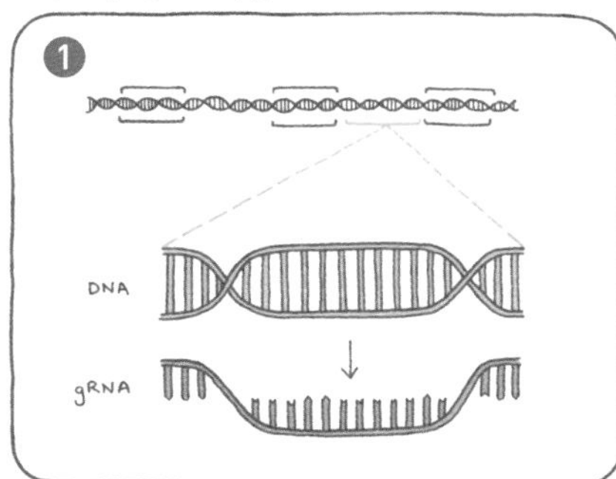

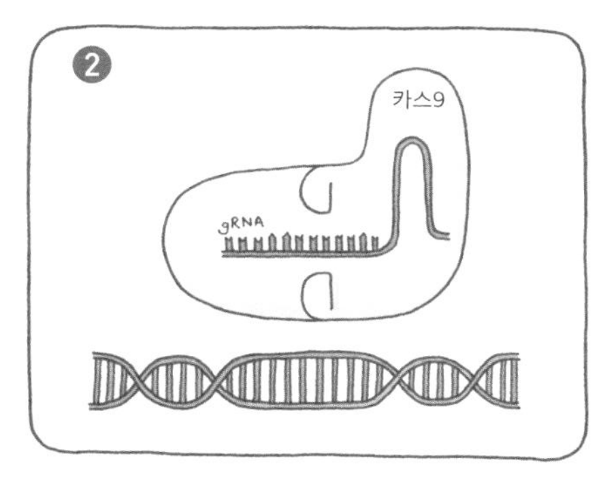

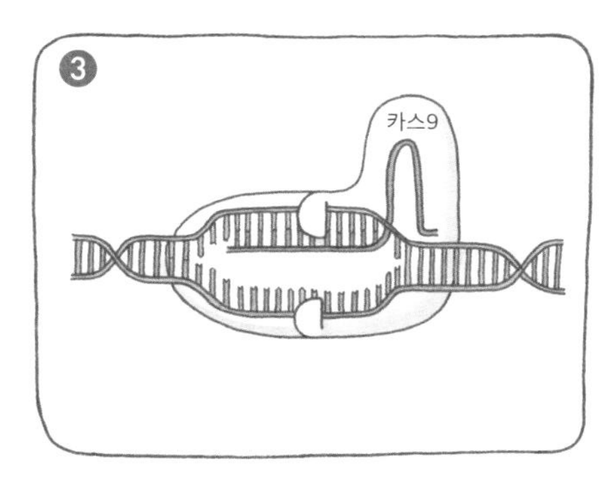

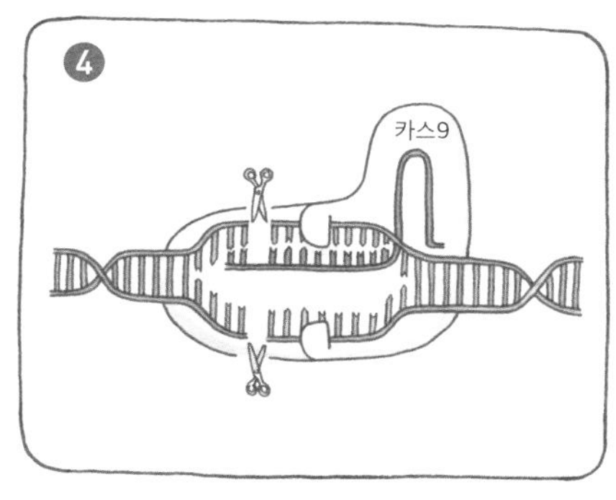

크리스퍼의 체계를 해킹하다

그런데 단순한 세균 세포의 방어 체계에 모두가 이토록 열광하는 이유는 무엇일까? 그것은 과학자들이 크리스퍼의 체계를 해킹함으로써 어떤 종의 DNA라도 편집할 수 있는 방법을 알아냈기 때문이다.

약간의 프로그래밍 과정을 거치면, 크리스퍼-카스9를 사용해 문서 편집의 '찾아서 잘라내기'나 심지어 '찾아서 바꾸기' 기능에 해당하는 일을 할 수 있다.

그 과정은 다음과 같다:

1. gRNA의 특정 20문자 서열을 카스9에 붙인다.(이 gRNA는 어떤 종에서도 표적 서열을 복제함으로써 실험실에서 만들 수 있다.)
2. 카스9가 이 gRNA를 사용해 자신이 들어간 세포의 전체 유전체를 샅샅이 조사하면서 일치하는 서열을 찾는다. (카스9를 세포 속으로 집어넣는 방법에 대해 더 자세한 내용은 5장을 참고하라.)
3. 카스9가 gRNA와 일치하는 DNA 서열을 발견하면, 그것을 잘라내는 작업을 시작한다.

세균의 방어 체계에서 불쌍하게 토막 난 바이러스와 달리 이 이야기는 여기서 끝나지 않는다. 특정 DNA 서열을 잘라내고 나면, 표적 세포는 즉시 손상을 복구하는 작업에 들어간다. 여기에는 두 가지 방법이 있다.

찾아서 잘라내기

이 방법은 말처럼 아주 간단하다. 여러분이 쓴 논술의 한 문장에서 불필요한 단어를 찾아 없애는 것처럼 아주 쉽다. 일단 카스9가 그 DNA 부분을 잘라내면, 세포는 잘린 DNA 가닥을 봉합한다. 이 과정에서 대개 몇몇 염기쌍을 잃게 된다. 이것은 그다지 큰 문제처럼 들리지 않지만, 만약 gRNA가 카스9를 한 유전자의 암호화 지역으로 데려간다면, 1장에서 나왔던 세 문자 단어를 충분히 망칠 수 있다. 이 방법으로 크리스퍼-카스9를 어떤 유전자의 기능을 '끄는' 용도로 쓸 수 있다—충분히 큰 변화를 일으키면, 해당 유전자는 자신이 수행해야 하는 지시에도 불구하고 기능성 단백질을 만드는 암호를 만들지 못한다.

26자의 영어 알파벳을 가지고 설명해보자. 크리스퍼-카스9가 작용하기 전에는 세포가 이 DNA 부분—THECATSATONAMAT—을 세 문자 단어들로 나누어 THE CAT SAT ONA MAT로 읽을 것이다.(아, 물론 ONA는 정확한 단어가 아니지만, 그래도 이 문장이 무슨 뜻인지 이해하는 데에는 별 지장이 없다.) 만약 THECATSATONAMAT에 대한 gRNA를 가진 카스9를 집어넣는다면, 핵산 분해 효소가 예컨대 이곳을 자를 수 있다:

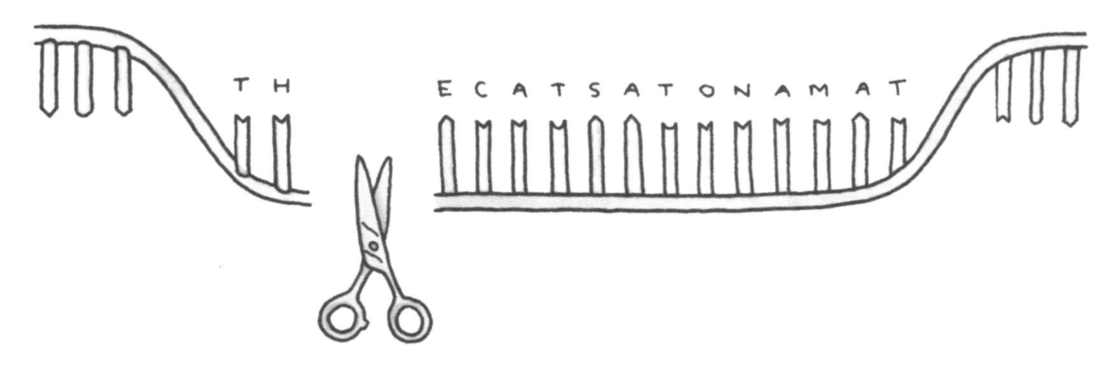

그런 뒤, 세포는 나머지 '문장'을 봉합할 것이다. 하지만 절단 부위 바로 옆에 있는 염기쌍들은 원상을 회복할 수 없는데, 핵산 분해 효소에 의해 손상을 입었기 때문이다.

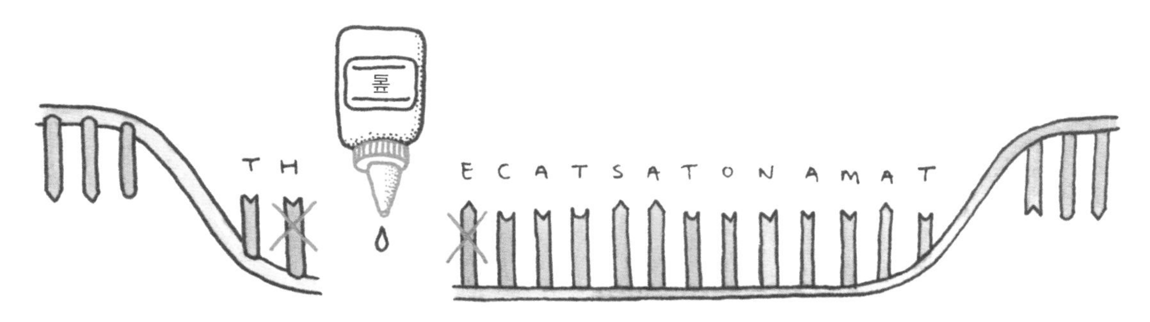

이제 세포는 이 손상된 서열을 TCA TSA TON AMA T로 읽게 되는데, 이것은 전혀 말(혹은 단백질)이 되지 않는 문장(혹은 유전자)이다! 우리가 사용 설명서에서 이해할 수 없는 언어로 적힌 문장을 그냥 건너뛰듯이, 세포도 이 지시를 그냥 무시하고 만다.

■ 찾아서 바꾸기

세포는 특정 DNA 서열을 잘라낼 뿐만 아니라, 그것을 다른 것으로 바꿀 수도 있다. 이런 일이 일어나게 하려면, 절단 부위에 집어넣고자 하는 DNA 주형을 과학자들이 카스9에 공급해야 한다. 그러면 세포는 복구 과정에서 이 주형을 사용해 DNA를 다시 만든다.

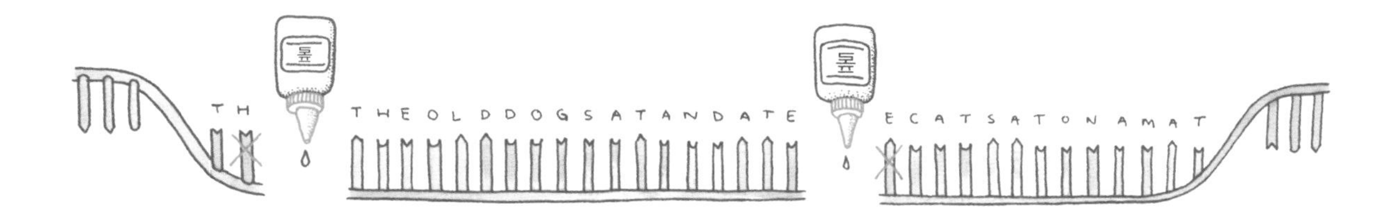

THE CAT SAT ONA MAT(고양이가 매트 위에 앉았다)라는 문장은 THE OLD DOG SAT AND ATE(개가 앉아서 먹었다)로 바뀐다. 마찬가지로 '찾아서 바꾸기' 과정은 한 유전자를 없애고 그것을 다른 것으로 바꾼다. 만약 우리의 유전체에 1장에서 한 것처럼 무지개 만드는 방법에 대한 지시가 포함돼 있다면, 이것은 그 지시를 잘라내고 대신에 집 짓는 방법에 대한 지시를 집어넣는 것과 같다. 또한, 무지개에서 파란색 띠를 검은색 띠(혹은 갈색이나 과학자가 원하는 어떤 색으로도!)로 바꾸도록 지시를 편집할 수도 있다.

유전공학이란 대체 무엇일까?

이 질문은 생각보다 답하기가 어려운데, '유전공학'이 '유전자 변형'이나 '유전자 조작'이란 용어와 혼용되는 경우가 많기 때문이다. 게다가 사전과 책에 따라 정의가 제각각 다르다. 하지만 같은 용어를 놓고 서로 다르게 이해하는 일을 막기 위해 일반적으로 통용되는 용어의 의미를 아래에 소개한다:

'유전공학genetic engineering'은 인간의 기술을 사용해 생물의 유전체를 조작하는 것을 말한다. 선택 교배에서부터 생물의 DNA를 직접 변형하는 것에 이르기까지 그 모든 기술을 가리킨다.

'형질 전환 생물transgenic organism'은 자신의 유전체에 다른 생물의 유전자가 삽입된 생물을 가리킨다. 흔히 '유전자 변형 생물genetically modified organsim, GMO'이라고 부르기도 한다. 예를 들면, 플레이버 세이버 토마토는 그 유전체에 썩는 과정을 늦춰주는 유전자가 첨가되었다(더 자세한 내용은 6장 참고).

크리스퍼 기술은 더 구체적으로는 유전자 편집이라고 부르는데, 이 기술이 DNA에 가져오는 변화가 아주 정밀하고 정확하기 때문이다.

크리스퍼를 우리에게 이롭게 사용하려면, 먼저 우리가 표적으로 삼으려는 유전자가 어떤 것인지 알아야 한다. 그러려면 특정 종에서 특정 유전자가 무슨 일을 하는지 알아야 한다. 일단 그 유전자를 파악하고 나면, 그 염기 서열도 알아야 한다. 그런 다음에야 카스9를 세포 속으로 보내 해당 유전자를 끌 수 있다. 혹은 '찾아서 바꾸기' 기능을 사용해 뉴클레오타이드 서열을 그 유전체의 특정 장소에 집어넣을 수 있다.

크리스퍼 이전의 유전공학은 사용 설명서를 무작위로 아무 페이지나 펼쳐 여분의 문자들을 집어넣는 것과 같았다. '아연-손가락 핵산 분해 효소zinc-finger nuclease, ZFN'나 '전사 활성자 유사 효과기 핵산 분해 효소transcription activator-like effector nuclease, TALEN'(과학자들은 이렇게 긴 이름보다는 간단한 약칭을 좋아하기 때문에 대개는 ZFN과 TALEN을 사용한다) 같은 유전자 편집 효소들도 유전체의 일부 지역에 정보를 집어넣는 데 사용할 수 있지만, 모든 곳에 집어넣을 수는 없다. 하지만 크리스퍼-카스9를 사용하면, 정확하게 원하는 곳에서 특정 지시를 제거하거나 새로운 정보를 집어넣을 수 있다.

이렇게 표적을 매우 정밀하게 조준할 수 있는 능력은 지금까지의 상황을 완전히 바꿔놓을 만한 기술이다. 이 기술 덕분에 이제 우리는 더 나은 작물이나 가축을 얻기 위해 운에 맡기고 무작정 선택 교배를 시도하던 농부의 접근법에서, 원하기만 하면 특정 질병을 박멸하거나 멸종 위기에 처한 종을 구하는 세상으로 나아갈 수 있게 되었다. 하지만 완전한 단계에 이르는 것은 말처럼 단순하지 않다. 아직도 전 세계의 많은 연구소에서는 크리스퍼의 기반을 이루는 과학을 자세히 알아내기 위해 노력하고 있다. 그리고 우리가 뭔가를 할 수 있다고 해서 반드시 그것을 해야 하는 것은 아니다.

이 책의 나머지 부분에서는 크리스퍼를 우리 세계에 적용하는 방법들을 더 자세히 살펴보고, 그것이 어떤 결과(좋은 것과 나쁜 것 모두)를 낳을지 생각해보기로 하자.

세계 최초의 '시험관 아기'

루이스 브라운Louise Brown의 염색체는 침실이 아니라 실험실에서 합쳐졌다. 루이스의 부모는 9년 동안 '전통적인 방식'으로 아기를 가지려고 노력했지만, 어머니의 자궁관이 막혀 있어(그래서 난소에서 만들어진 난자가 자궁으로 가지 못해 수정을 할 수 없었다) 성공하지 못했다. 그때 과학자들이 도움을 주려고 나섰다. 그들은 난소에서 난자를 꺼내 페트리 접시에서 아버지의 정자와 수정시켰다. 이틀 뒤에 그 결과로 생긴 배아를 페트리 접시에서 어머니의 자궁으로 이식시켰다.(정확하게는 '페트리 접시 아기'라고 불러야 하겠지만, '시험관 아기'가 훨씬 어감이 좋다.)

시험관 아기 루이스의 탄생을 놓고 언론에서는 기적이라고 떠들었지만, 이 사건은 그 당시에 큰 논란이 되기도 했다. 오늘날의 유전자 편집과 마찬가지로 사람들은 유전자 조작과 배아 처리가 '미끄러운 비탈길'(일단 시작하면 중단하기 어렵고 파국으로 치달을 수 있는 행동을 가리키는 용어)이 되지 않을까 염려했다. 하지만 1978년에 루이스 브라운이 태어난 이래 '체외 수정'이라 부르는 이 절차를 통해 지금까지 태어난 아기는 500만 명 이상이나 된다.

3

더 나은 혈액

지금까지 우리는 다음과 같은 사실들을 배웠다—눈 색깔과 키에서부터 특정 질병에 걸릴 가능성에 이르기까지 우리가 어떤 사람인지를 알려주는 형질들은 유전자에 의해 결정된다. 크리스퍼는 유전자를 매우 정밀하게 편집하는 기술이며, 우리를(혹은 어떤 생물이라도) 더 강하게 혹은 더 건강하게 혹은 특정 환경에 더 잘 적응하게 만들 수 있다. 과학자들은 이미 이 놀라운 도구를 다양하게 활용하는 방법을 상상하고 있다. 크리스퍼로 할 수 있는 한 가지 일은 단일 유전자 돌연변이로 인해 질병에 걸린 사람들을 돕는 것이다.

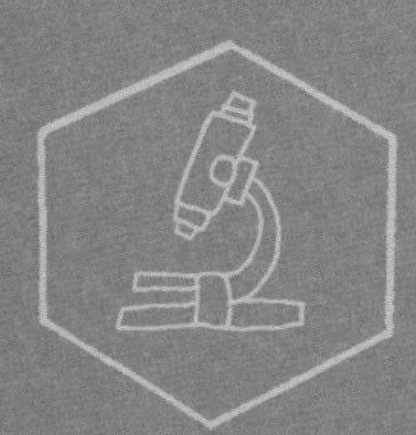

돌연변이를 만지작거리다

우리에게는 많은 유전자가 있다. 1장에서 사람의 염색체 수가 46개라고 한 사실을 기억하는가? 이 염색체들에 들어 있는 DNA 염기쌍은 약 30억 개나 된다. 지금 읽고 있는 것과 같은 크기의 문자를 사용해 이 염기쌍 문자들로 이루어진 '문장'을 쓴다면, 그 길이는 캐나다와 미국 사이를 가로지르는 국경선 길이와 거의 맞먹을 것이다. 그리고 사람의 DNA에는 약 2만 가지의 유전자가 들어 있다.

우리의 유전체가 복제될 때마다(이것은 세포가 만들어질 때마다 일어난다) 약간의 실수가 일어난다.(그렇게 긴 사용 설명서를 복제하다 보면 일부 오류가 일어나는 것은 당연하다.) 이런 실수(혹은 돌연변이) 중 어떤 것은 사소한 변화를 낳는 데 그친다. 예컨대 갈색 눈 색소를 만드는 유전자가 파란색 눈 색소를 만드는 유전자로 변하는 정도에 그친다. 하지만 어떤 실수는 물에 살던 종을 뭍에서 살아가게 할 정도로 큰 변화를 가져올 수 있다. 예를 들면, 약 3억 5000만 년 전에 물고기가 물에서 나와 땅 위에서 살아가게 된 데에는 공기 중에서 앞을 더 잘 볼 수 있도록 눈을 더 크고 덜 둥글게 만든 유전자 돌연변이가 한몫을 했다.

이것은 조리법을 복사해 한 세대에서 다음 세대로 전하는 것과 같다. 할머니는 계피를 넣어 유명한 쿠키를 만들었다. 그런데 어머니가 그 조리법을 잘못 읽어 계피 대신에 정향을 넣어 쿠키를 만들었지만, 그래도 꽤 맛있는 쿠키가 되었다. 빌리의 차례가 되자, 빌리는 달걀을 하나(혹은 둘) 추가했다. 그러자 쿠키보다는 머핀에 가까운 결과물이 나왔지만, 그래도 꽤 맛있는 간식이 되었다. 그런데 키모라가 조리법을 완전히 잘못 읽어 재료에 밀가루를 넣지 않는다면 어떤 일이 일어날까? 제대로 먹을 만한 것이 나오지 못할 가능성이 아주 높다.

유전자를 변화시켜 기능성 단백질을 만들지 못하게 하는 돌연변이는 그 사람의 생명을 빼앗을 만큼 큰 재앙을 낳을 수 있다. 또, 돌연변이 중에는 과학자들이 오래전부터 그 치료법을 연구하고 있는 질병을 일으키는 것도 있다.

줄기세포는 독특한 종류의 세포로, 앞으로 어떤 세포가 될지 아직 결정되지 않은 상태에 있다.(선택할 수 있는 세포의 종류가 200가지 이상이나 되는 것도 한 가지 이유이다!) 배아 줄기세포는 시간이 지날수록 있는 장소에 따라 선택의 폭이 좁아진다. 어른의 줄기세포는 뇌와 심장, 창자, 간, 뼈, 피부, 치아를 포함해 많은 곳에서 발견된다.

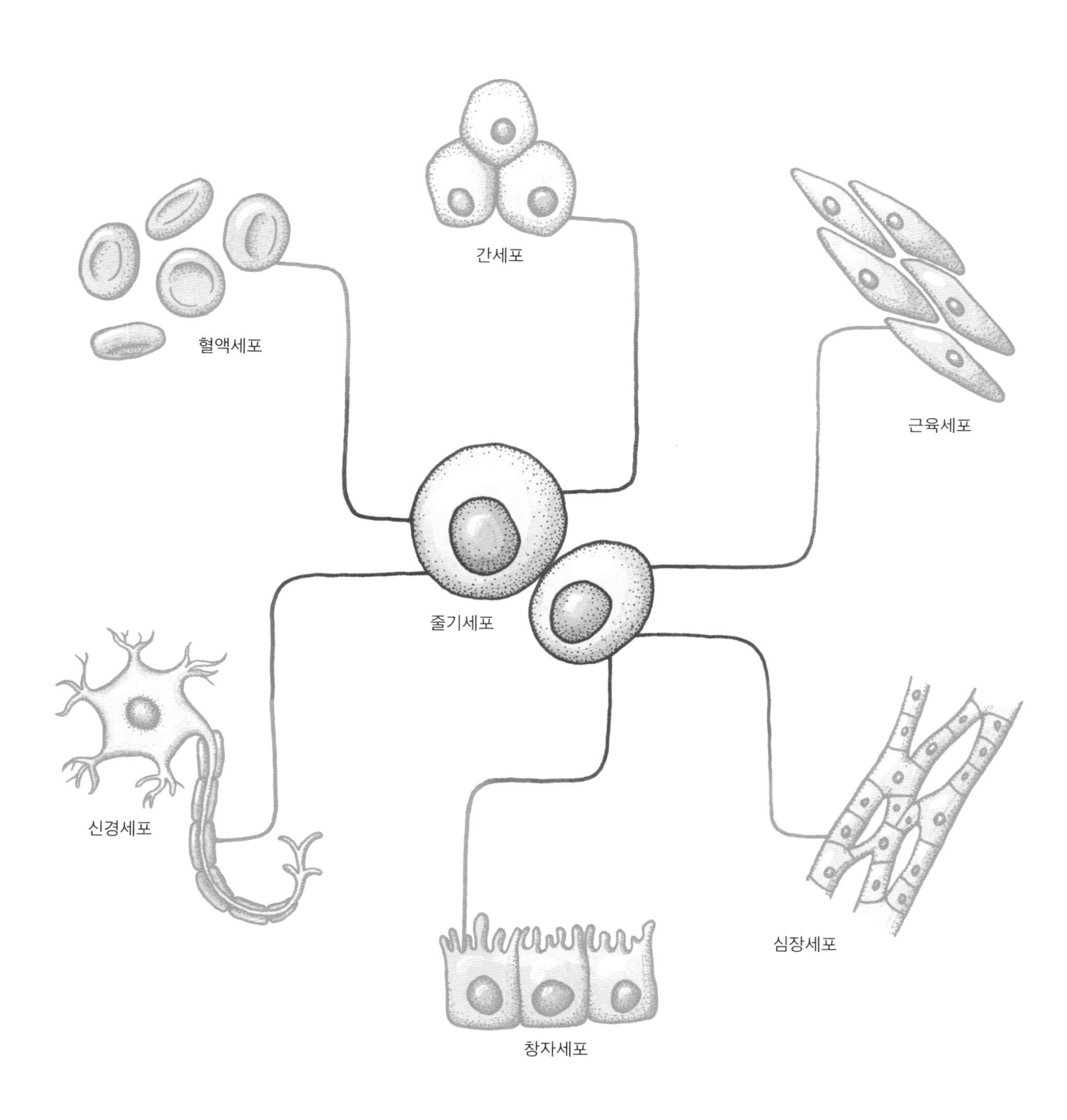
간세포
혈액세포
근육세포
줄기세포
신경세포
심장세포
창자세포

낫 적혈구 빈혈

낫 적혈구 빈혈은 단 하나의 유전자에 일어난 돌연변이 때문에 일어나는 병이다. 이 병은 1910년에 관절통과 위통을 앓던 환자의 적혈구가 기묘하게 생겼다는 사실이 발견되면서 처음 알려졌다. 무슨 일이 일어났는지 파악하기 위해 과학자들은 그 적혈구가 만들어지는 과정을 추적하다가 그 원천인 줄기세포까지 거슬러 올라갔다. 적혈구로 분화하기로 결정된 줄기세포는 일단의 헤모글로빈 유전자들이 내리는 지시를 따른다. 이 유전자들은 세포로 산소를 운반하는 데 필요한 헤모글로빈 단백질을 만드는 법을 알려준다.

정상 적혈구와 낫 적혈구

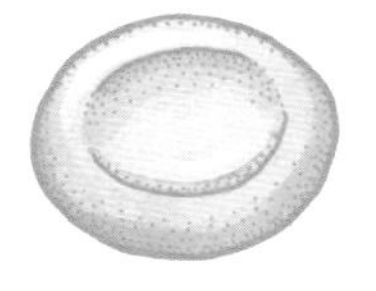

정상 적혈구

낫 적혈구

지시가 정확하게 복제될 때에는 이 과정은 아무 문제 없이 일어난다. 하지만 11번 염색체에 있는 헤모글로빈 유전자의 세 문자 단어 중 하나에서 철자 하나가 엉뚱한 것으로 바뀌는 오류(A가 있어야 할 곳에 T가 오는)가 일어나면, 원판 모양 대신에 낫 모양 적혈구가 만들어진다.

불행하게도 낫 적혈구의 헤모글로빈은 산소를 운반하는 능력이 떨어진다. 그리고 낫 모양은 원판 모양보다 공기역학적 효율도 떨어져 낫 적혈구는 혈관 내부에 갇혀 오도 가도 못할 수 있다.

낫 적혈구 빈혈은 상염색체 열성 질환으로 유전된다 (38쪽, '유전이 일어나는 방식' 참고). 한 쌍의 헤모글로빈 유전자 중에서 돌연변이 유전자가 하나만 있는 사람은 낫 적혈구 빈혈 보인자保因者(유전병이 겉으로 드러나지 않지만 그 인자를 가지고 있는 사람)이다. 낫 적혈구 빈혈 소질이 있는 사람은 유리한 점(37쪽, '낫 적혈구 빈혈 소질' 참고)도 있고 불리한 점도 있지만, 낫 적혈구 빈혈과 관련된 의학적 문제가 나타나진 않는다. 한 쌍의 유전자 중에서 돌연변이가 일어나지 않은 유전자가 정상 적혈구를 충분히 만들어내 산소 운반에 별 문제가 없고, 만들어지는 낫 적혈구의 양은 혈관을 크게 손상시킬 만큼 충분히 많지 않다.

하지만 두 보인자 사이에서 태어난 아이는 돌연변이가 일어난 유전자를 둘 다 물려받아 정상 유전자가 하나도 없을 수 있다. 그러면 이 사람(안야라고 부르기로 하자)에게는 낫 적혈구 빈혈 증상이 나타난다. 안야는 산소를 제대로 운반하는 원판 모양의 적혈구가 없기 때문에 아주 어린 시절부터 빈혈(조금만 운동해도 숨이 차고, 늘 피로한 증상이 나타나는 질환)이 나타난다. 그리고 나이가 들수록 낫 적혈구가 혈관 내부에 쌓이면서 혈액의 흐름을 막아 안야는 심한 통증을 느끼게 된다.

안야와 같은 낫 적혈구 빈혈 환자는 약과 생활 습관 조절을 통해 증상을 완화할 수 있다. 하지만 치료법은 없다. 어른이 되면, 안야는 기관 손상, 심장 기능 상실, 뇌졸중에 걸릴 위험이 커진다. 이 질환은 안야의 수명을 단축시킬 가능성이 매우 높다.

낫 적혈구 빈혈 소질

낫 적혈구 빈혈 소질—11번 염색체의 헤모글로빈 유전자 중 하나에 돌연변이가 있는 사람—은 아프리카와 남아시아 지역에서는 아주 흔하다. 흥미롭게도 지도를 살펴보면, 낫 적혈구 빈혈 소질을 가진 사람이 많은 지역은 말라리아(이 감염병은 4장에서 자세히 다룰 것이다) 위험이 높은 지역과 일치한다.

둘 사이에는 어떤 연관이 있을까? 낫 적혈구 빈혈 소질을 초래하는 원인이 말라리아를 일으키는 원인과 동일한 것처럼 보일 수 있지만, 실제로는 정반대이다. 낫 적혈구 빈혈 소질은 말라리아에 걸릴 위험을 낮춰준다.

낫 적혈구 빈혈 소질이 있는 사람이 어떻게 그리고 왜 말라리아에 잘 걸리지 않는지 그 원인을 정확하게 아는 사람은 없지만, 둘 사이의 관계가 자연 선택(생물이 환경에 적응하는 과정)의 예라는 것만큼은 분명하다.

그러면 어떻게 그런 일이 일어나는지 살펴보자. 낫 적혈구 빈혈 소질이 있는 사람은 이점이 있는데, 말라리아에 걸려 죽을 가능성이 낮다. 그러면 낫 적혈구 빈혈 소질이 없는 사람에 비해 자식을 더 많이 남길 가능성이 높다. 낫 적혈구 빈혈은 상염색체 열성 소질—즉 자식에게 물려주려면 양쪽 부모가 모두 이 소질을 가지고 있어야 한다는 뜻(38쪽, '유전이 일어나는 방식' 참고)—이기 때문에, 두 보인자 사이에서는 다음과 같은 아이들이 태어날 수 있다:

- 돌연변이 헤모글로빈 유전자를 2개 가진 아이(자식을 낳기 전에 낫 적혈구 빈혈로 죽을 가능성이 아주 높다)
- 돌연변이 헤모글로빈 유전자가 하나도 없는 아이(자식을 낳기 전에 말라리아에 걸려 죽을 가능성이 아주 높다)
- 낫 적혈구 빈혈 소질이 있는 아이(낫 적혈구 빈혈과 말라리아에 걸리지 않아 자식을 낳을 가능성이 아주 높다)

이러한 순환이 계속 반복되면, 세대가 지날수록 인구 집단 사이에 낫 적혈구 빈혈 소질이 점점 늘어날 것이다. 낫 적혈구 빈혈 소질이 있는 아이들은 무사히 자라서 결혼해 자식을 낳을 것이다. 설사 배우자가 낫 적혈구 빈혈 소질이 없다 하더라도, 평균적으로 자식들 중 절반은 그 소질을 물려받아 말라리아로부터 보호받는다. 말라리아 위험이 존재하는 한, 낫 적혈구 빈혈 소질이 있는 사람은 없는 사람에 비해 살아남는 데 훨씬 유리하다.

유전이 일어나는 방식

'상염색체 열성'과 '상염색체 우성'이란 용어는 1번부터 22번까지의 염색체(성염색체가 아닌 보통 염색체여서 상염색체라 부른다)에 존재하는 유전자의 특정 상태를 가리킨다.

어떤 형질이 상염색체 열성일 경우, 그 유전자가 2개 다 있어야 그 형질이 발현된다. 이것은 멘델의 실험에서 키가 작은 완두가 처한 상황과 같다. 완두는 키가 작은 유전자를 2개 다 물려받아야만 키가 작은 형질이 나타날 수 있다 (19쪽, '유전학의 아버지' 참고). 양쪽 부모 사이에서 태어나는 자식은 세 가지 가능성이 있다:

❶ 양쪽 부모가 다 키가 크지만, 각자 키가 작은 유전자(*t*)를 1개 갖고 있다. 이 경우, 양쪽 부모 모두로부터 *t* 유전자를 물려받을 확률은 25%이다.

❷ 양쪽 부모가 다 키가 작다. 이것은 둘 다 *t* 유전자를 2개씩 갖고 있다는 뜻이다. 이 경우, 둘 사이에서 태어나는 아이는 키가 작을 확률이 100%인데, 양쪽 부모 모두 항상 *t* 유전자만 물려주기 때문이다.

❸ 부모 중 한 명은 키가 작고(*tt*) 다른 한 명은 크지만 키가 작은 유전자를 1개 갖고 있다(*Tt*). 키가 작은 쪽은 *t* 유전자만 물려줄 수 있기 때문에, 키가 큰 부모로부터 어떤 유전자를 물려받느냐에 따라 자식의 운명이 결정된다. 키가 큰 부모로부터 *t* 유전자를 물려받을 확률이 50%이기 때문에, 둘 사이에서 키가 작은 아이가 태어날 확률도 50%이다.

어떤 형질이 상염색체 우성일 경우, 그 유전자가 1개만 있어도 그 형질이 발현된다. 이것은 멘델의 실험에서 키가 큰 완두가 처한 상황과 같다. 키가 큰 형질은 키가 작은 형질에 비해 우성이다(반대로 키가 작은 형질은 키가 큰 형질에 비해 열성이다). 따라서 둘 사이에서 태어나는 자식은 키가 클 가능성이 더 높다. 이 조건에서는 다음과 같은 일이 일어날 수 있다:

❶ 양쪽 부모가 다 키가 큰 유전자(*T*)를 2개 갖고 있다. 이 경우, 둘 사이에서 태어나는 아이는 키가 클 확률이 100%이다.

**❷ 양쪽 부모가 다 키가 크지만,
한 명은 키가 큰 유전자가 2개 있고(*TT*) 한 명은 키가 큰 유전자가 1개만 있다(*Tt*). 이 경우에도 둘 사이에서 태어나는 아이는 키가 클 확률이 100%이다.(*T*는 *t*에 비해 우성이기 때문에, *t* 유전자가 1개 있더라도 우성인 *T* 형질이 나타난다.)**

**❸ 양쪽 부모가 다 키가 크지만,
둘 다 키가 작은 유전자를 1개 갖고 있다(*Tt*). 이것은 상염색체 열성 소질의 첫 번째 시나리오(38쪽 참고)와 정반대 상황이다. 이 경우, 태어나는 자식 중 75%는 키가 크다.**

만약 안야가 높은 수준의 의료 혜택을 누린다면, 줄기세포 이식을 받을 수도 있다. 이것은 낫 적혈구 빈혈이 없는 제공자로부터 줄기세포를 받아 안야의 혈액이나 골수(뼈 속에 있는 혈액세포 생산 공장)로 이식하는 과정이다. 만약 이 이식이 성공한다면, 새로운 줄기세포들이 돌연변이가 일어나지 않은 제공자의 유전자 암호를 사용해 새로운 적혈구를 만들 것이다.

줄기세포 이식

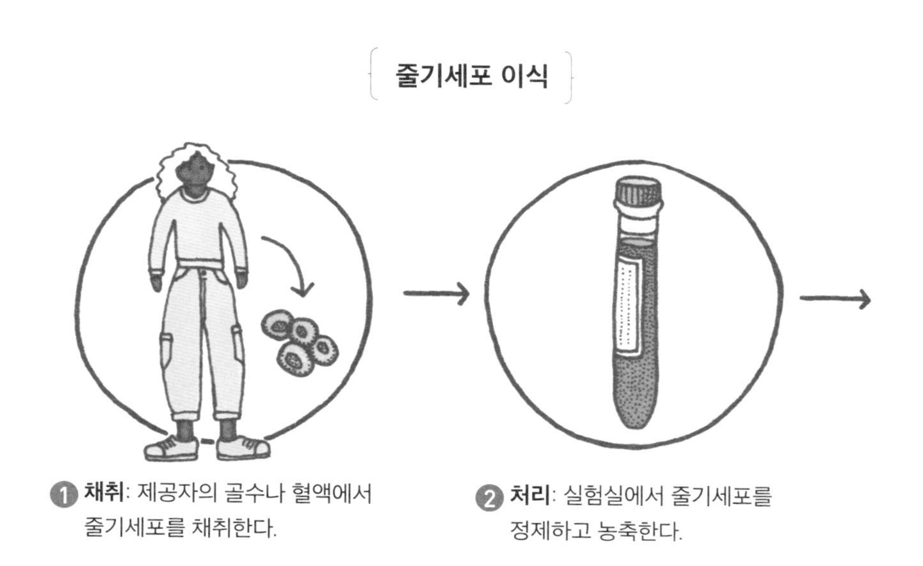

1 채취: 제공자의 골수나 혈액에서 줄기세포를 채취한다.

2 처리: 실험실에서 줄기세포를 정제하고 농축한다.

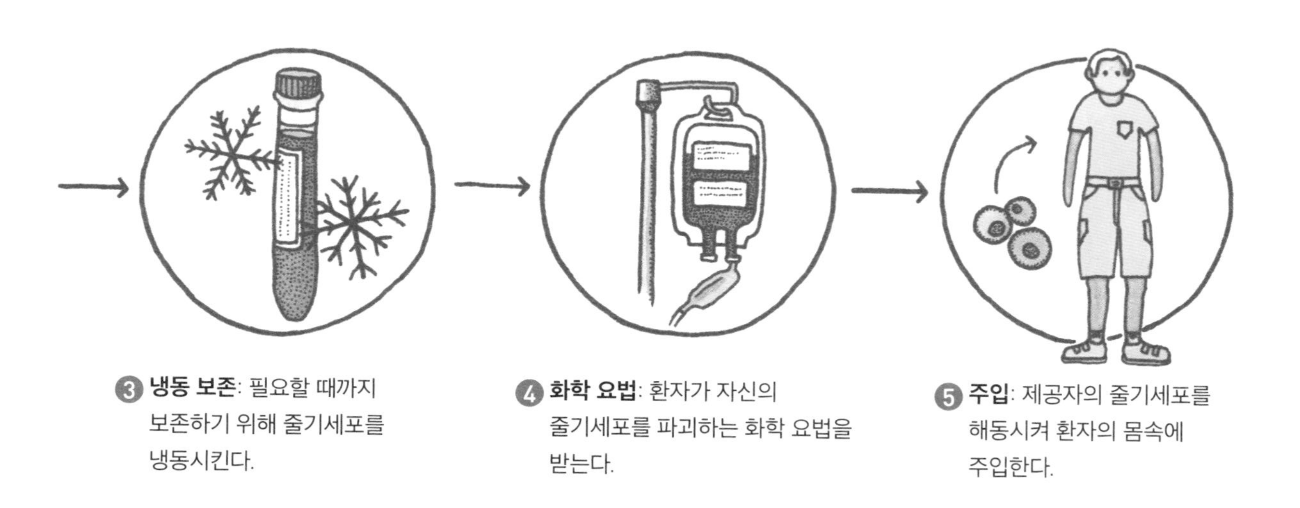

3 냉동 보존: 필요할 때까지 보존하기 위해 줄기세포를 냉동시킨다.

4 화학 요법: 환자가 자신의 줄기세포를 파괴하는 화학 요법을 받는다.

5 주입: 제공자의 줄기세포를 해동시켜 환자의 몸속에 주입한다.

이것은 완벽한 해결책처럼 보이지만, 줄기세포 이식에는 그 나름의 위험이 따른다. 이 치료법의 주요 문제는 우리가 신뢰하는 면역계에서 발생한다. 설사 제공자가 안야의 형제자매라 하더라도, 안야의 면역계는 다른 사람의 줄기세포를 침입자로 간주해 거부 반응을 나타낸다. 이런 부작용을 방지하려면 강력한 약으로 안야의 면역계를 '정지'시켜야 하는데, 그러면 다른 종류의 감염에 취약해진다.

여기서 크리스퍼가 구원자로 나선다. 만약 안야의 줄기세포 유전자를 편집할 수 있다면 어떨까? 카스9에 돌연변이 헤모글로빈 유전자 서열을 제공하여 돌연변이가 일어나지 않은 DNA 주형을 만들 수 있다. 제공자의 줄기세포를 사용하는 대신에 2단계에서 안야 자신의 줄기세포를 꺼내 이 카스9 혼합물을 줄기세포에 추가할 수 있다. 그러면 카스9는 돌연변이 유전자 서열을 잘라내고 돌연변이가 일어나지 않은 부호로 교체한다.

이 과정이 완료되면, 크리스퍼가 변형시킨 줄기세포를 안야의 몸속으로 돌려보낸다. 안야의 면역계는 이 줄기세포를 오래전에 헤어진 친구인 양 환영할 것이다. 시간이 지나면서 이 줄기세포는 더 많은 줄기세포를 만들고, 이것들은 결국 적혈구로 분화한다. 새로운 줄기세포는 돌연변이가 일어나지 않은 헤모글로빈 유전자를 포함하고 있기 때문에, 앞으로 생겨날 적혈구는 모두 원판 모양이 될 것이다. 그리고 안야의 낫 적혈구 빈혈은 근본적으로 치료된다.

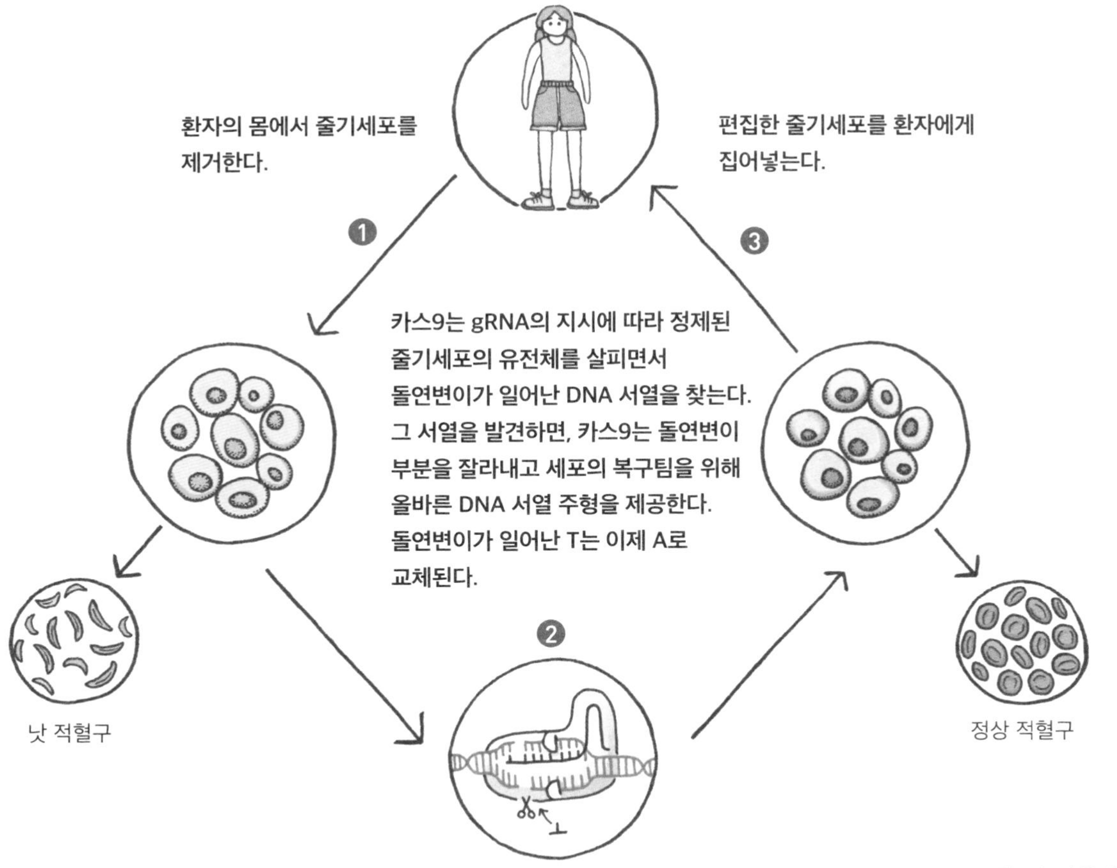

다음 세대로 전달되는 생식 계열 세포

우리 몸을 이루는 세포는 대부분 체세포인데, 이 세포들은 다음 세대로 전달되지 않는다. 어떤 체세포에 돌연변이가 일어나더라도, 몸 전체나 그 사람의 생식에 영향을 미칠 가능성은 극히 희박하다. 그리고 만약 어느 체세포에 유전자 편집이 일어나더라도, 그 변화는 세포 분열을 통해 생기는 그 세포의 클론에만 나타난다.

하지만 생식 계열 세포(혹은 생식세포)—즉 정자와 난자—는 다음 세대로 전달될 수 있다. 정자와 난자를 만드는 세포들 역시 다음 세대에 영향을 미치기 때문에, 이 세포들도 생식 계열 세포라고 부른다. 배아 줄기세포(아직 어떤 세포가 될지 결정되지 않은 초기 배아의 세포) 역시 생식 계열 세포의 일부인데, 난자나 정자를 만드는 세포로 분화할 수 있기 때문이다.

만약 이 생식 계열 세포에 돌연변이가 일어나거나 편집이 일어난다면, 그 차이는 그 사람의 자식에게 유전될 수 있다. 그리고 그 자식은 다시 자신의 자식에게 그것을 물려주고, 그런 식으로 계속 이어진다.

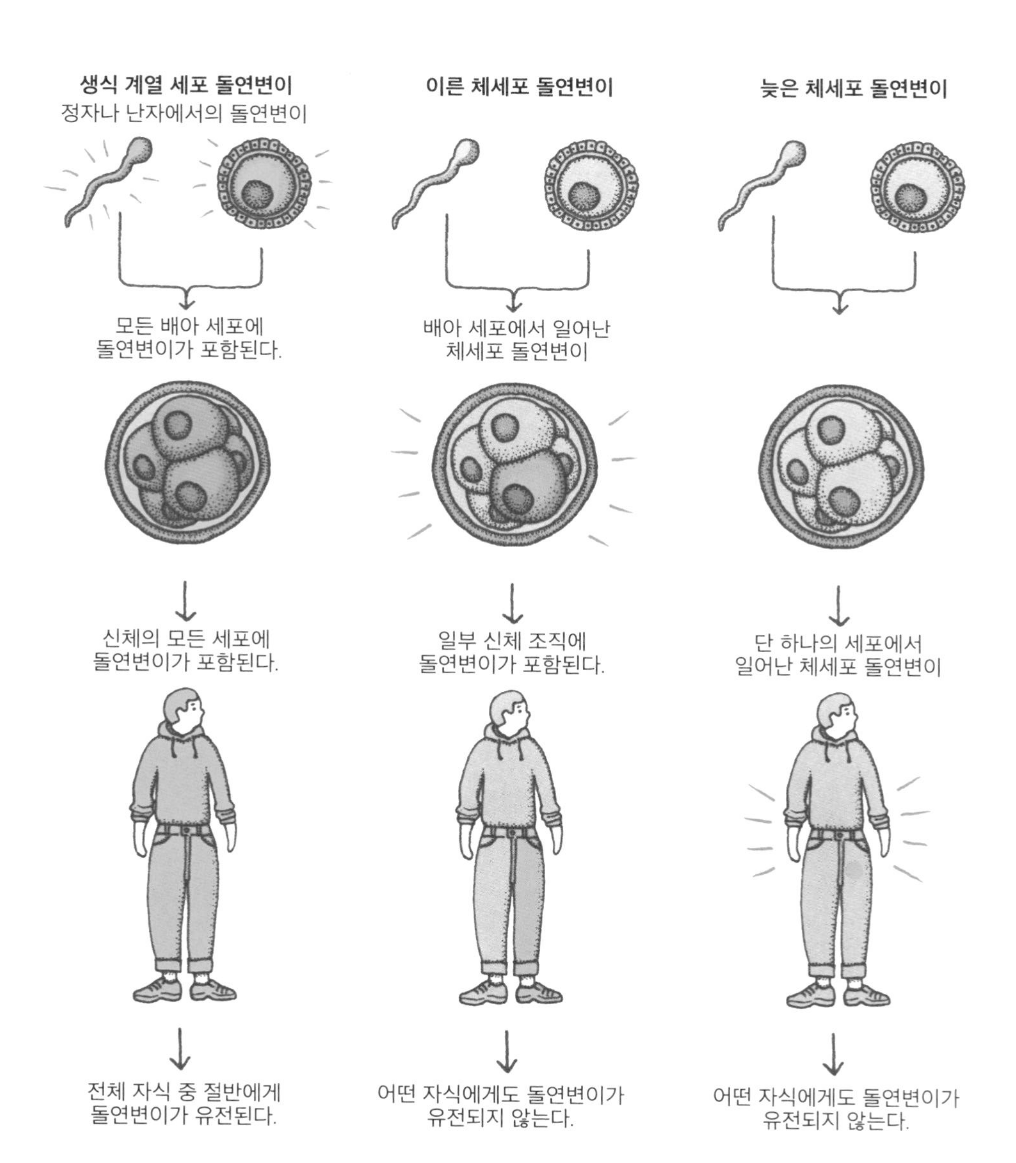

과학자들은 크리스퍼를 활용한 낫 적혈구 빈혈 치료법을 개발하려고 열심히 노력하고 있다

크리스퍼 기술은 생쥐를 대상으로 한 실험에서 헤모글로빈 유전자를 편집하는 데 성공했다. 그리고 낫 적혈구 빈혈은 크리스퍼 기술을 사람을 대상으로 한 임상 시험에 최초로 사용 승인을 받은 유전병 중 하나이다.
하지만 크리스퍼 기술을 안야 같은 개인에게 안전하게 사용할 수 있다는 확신을 얻기 전에 고려해야 할 세부 문제들이 남아 있다.

◆ **문제 #1**: 카스9가 30억 개의 문자 부호 중에서 20문자 서열을 찾는다는 점을 생각해보라. 이것은 캐나다와 미국 국경에서 특정 잔가지를 찾아내는 일과 비슷하다. 또, 카스9 효소는 가끔 gRNA와 일치하지 않는 장소에서 DNA를 자르는 실수를 저지른다. 사람 세포에서 이런 종류의 편집 실수가 일어나면 암을 유발하거나 다른 질병을 일으킬 수 있다.

◆ **문제 #2**: 설사 카스9가 해당 부호를 정확하게 찾아내 잘라낸다 하더라도, 복구 단계에서 잘못된 일이 일어날 가능성이 여전히 있다. 낫 적혈구 빈혈 환자의 경우, DNA 손상을 복구할 때 카스9가 '찾아서 잘라내기' 방법을 사용하지 않는 것이 중요하다. 2장에서 보았듯이, 잘라낸 DNA 부분을 단순히 갖다 붙이면 그 유전자에 읽을 수 없는 지시가 생길 수 있다(30쪽 참고). 안야의 경우, 이것은 헤모글로빈 유전자가 헤모글로빈을 전혀 만들 수 없는 상황(베타 지중해빈혈이라 부르는 질환)을 초래할 수 있다. 과학자들은 세포가 반드시 '찾아서 바꾸기' 복구 메커니즘을 사용하고 카스9의 주형에 포함된 지시를 따르도록 하는 방법을 찾아야 한다.

반대

설사 크리스퍼 요법이 가능하다 하더라도, 사용하는 데에는 한계가 있다

크리스퍼로 편집한 줄기세포로 낫 적혈구 빈혈을 치료하는 방법은 여전히 침습적(몸을 뚫고 의료 장비를 체내에 집어넣는 것이 필요한)이다. 안야는 면역 억제제를 먹을 필요는 없지만, 골수에서 돌연변이가 일어난 줄기세포를 파괴하기 위해 화학 요법을 받아야 한다. 그래야 편집한 줄기세포를 집어넣어 교체할 수 있다.

그렇다면 더 이른 단계에서 낫 적혈구 빈혈을 치료하는 데 크리스퍼를 사용하면 어떨까? 안야의 줄기세포들이 각각 다른 종류의 세포들로 분화할 때까지 기다리는 대신에 안야가 수태된 지 2주 이내에 아직 배아 상태에 있을 때 돌연변이 DNA를 변화시킬 수 있다. 심지어 안야가 수태되기 이전에 크리스퍼를 사용할 수도 있다. 부모의 난자와 정자 혹은 그것들을 만들어내는 세포들에 크리스퍼를 사용하는 것이다.

배아(혹은 미래의 배아) 단계에서 유전자를 편집한다는 개념은 큰 사회적, 윤리적 문제를 제기한다. 사람 생식 계열 세포의 유전공학—미래 세대들에 전달될 유전체를 변화시키는 기술(42쪽, '다음 세대로 전달되는 생식 계열 세포' 참고)—은 현재 많은 선진국이 금지하고 있고, 다른 나라들도 강력하게 규제하고 있다. 사람 배아 줄기세포 연구는 특히 큰 논란을 일으키고 있다.

생식 계열 세포의 유전공학에 대한 반대는 낫 적혈구 빈혈 같은 질병의 치료를 반대하는 것이 아니다. 하지만 그것을 안야와 같은 사람들에게 사용하는 방법에 대한 생각은 많은 질문을 낳는다. 만약 크리스퍼 기술이 보편적으로 '질병'으로 간주되는 유전 질환의 치료에 완벽하다면, 사람의 고통을 초래하지 않거나 의학적 개입이 필요하지 않은 곳에까지 사용되는 것을 어떻게 막을 수 있겠는가? 어떤 것이 '질병'이고 어떤 것이 '차이'인지, 그 결정은 누가 내리는가?

이런 문제들은 9장에서 더 자세히 살펴볼 것이다. 다만, 여기서는 이 미끄러운 윤리적 비탈길을 크게 염려하여 사람을 대상으로 한 어떤 세포 요법에도 크리스퍼 기술을 사용해서는 안 된다고 믿는 사람들이 많다는 사실만 지적하고 넘어가기로 하자.

찬성

낫 적혈구 빈혈을 안고 태어나는 30만 명에게는 크리스퍼 유전자 요법이 생명을 구하는 해결책이 될 수 있다

낫 적혈구 빈혈은 특히 아프리카 일부 지역에서 아주 흔한데, 이 질병에 걸리는 사람은 50명당 한 명에 이른다. 사실, 안야 같은 사람에게 도움을 줄 수 있는 연구를 계속하지 않는 것이 오히려 비윤리적일 수 있다.

크리스퍼를 사용해 낫 적혈구 빈혈을 치료하는 방법을 찾아내는 것은 다른 유전병의 치료법을 찾는 데에도 도움을 줄 수 있다. 과학자들이 낫 적혈구 빈혈을 집중적으로 연구한 이유 중 하나는 이 질병을 일으키는 유전자 돌연변이를 아주 잘 이해하기 때문이다. 헤모글로빈 유전자에 일어난 돌연변이는 혈액에만 영향을 미치기 때문에, 특정 세포의 유전자 편집 체계를 표적으로 삼는 것도 가능하다.

만약 이 체계가 제대로 효과를 발휘한다면, 그 지식을 다른 단일 유전자 질환에도 적용할 수 있을 것이다. 예컨대 다음과 같은 질환들이 있다:

- **뒤셴 근육 퇴행 위축**: 이 질환은 X 염색체에 있는 *DMD* 유전자의 돌연변이로 생긴다. 주로 남자에게 나타나는데, 만 네 살 때부터 근육 퇴행이 시작된다. 이 병에 걸린 사람은 결국 휠체어에 의지해 살아가야 한다. 이 돌연변이는 심장과 폐 근육에도 영향을 미치기 때문에, 뒤셴 근육 퇴행 위축을 앓는 사람은 대개 20대를 넘기기 어렵다.
- **헌팅턴병**: 4번 염색체에 있는 *HTT* 유전자의 돌연변이로 생긴다. 헌팅턴병은 상염색체 우성 질환(38쪽, '유전이 일어나는 방식' 참고)이다. 이 유전자를 하나만 물려받아도, 30대 후반과 40대에 갑자기 움찔거리거나 씰룩이는 움직임이 통제 불능 상태로 일어난다. 결국에는 걷거나 말하거나 삼키는 기능에도 지장이 생긴다. 이 진행성 뇌 질환은 정서 문제와 사고 능력 상실도 초래한다.
- **낭성 섬유증**: 낫 적혈구 빈혈처럼 낭성 섬유증도 상염색체 열성 질환이다. 7번 염색체에 있는 돌연변이 *CFTR* 유전자를 2개 다 물려받아야 이 병이 나타난다. *CFTR* 유전자가 만드는 단백질이 없으면, 묽고 축축해야(그래야 기관들에서 윤활 작용을 원활히 할 수 있다) 할 점액이 걸쭉하고 끈끈해진다. 이 질환은 대개 폐와 이자(췌장)에 큰 영향을 미쳐 호흡과 소화에 문제를 일으킨다.

크리스퍼-카스9를 사용하는 유전자 요법은 동물 모형을 사용해 다른 단일 유전자 질환들의 치료법을 연구하는 데에도 쓰이고 있다. 적절한 견제와 균형을 유지하면서 개발한다면, 크리스퍼는 많은 환자의 고통을 덜어줄 수 있다.

예리한 질문

질병일까, 차이일까?

인류가 동굴에서 생활하던 시절에 근시는 질병이나 차이가 아니라 치명적인 결함이었다. 시각에 심각한 결함이 있는 선사 시대의 조상은 제대로 사냥을 하거나 자신을 돌볼 수 없었다. 그들은 배불리 식사를 하고 자러 가는 대신에 다른 동물의 먹잇감이 될 가능성이 더 높았다.
이제 근시는 치명적인 결함이 아니다. 하지만 팔을 뻗은 거리 밖으로는 아무것도 보이지 않는 사람에게는 이것은 여전히 매우 성가신 문제이다. 이 문제를 해결하기 위해 매년 안경과 콘택트렌즈, 레이저 수술에 엄청난 비용이 지출되고 있다.
어떤 사람들은 고통을 초래하고 치료가 필요하다는 이유로 근시를 질병이라고 생각할 수 있다. 다른 사람들은 고칠 수 있고 수명을 단축시키지 않기 때문에 근시를 차이라고 생각할 수 있다.

여러분은 어떻게 생각하는가? 만약 크리스퍼를 사용해 결함이 있는 시력을 정상으로 되돌린다면, 그것은 질병을 치료하는 것일까, 아니면 그저 차이를 변화시키는 것일까?

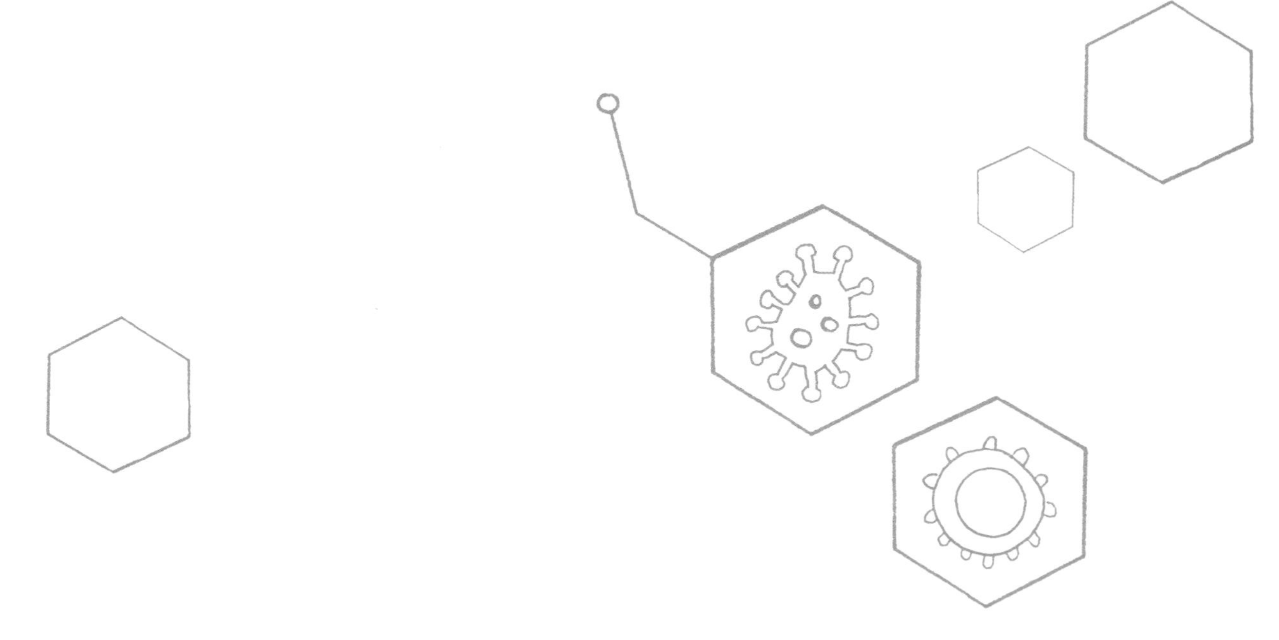

돌연변이 **모기**

3장에서 낫 적혈구 빈혈 소질이 말라리아로부터 보호받는 데 도움이 된다는 이야기를 했는데, 크리스퍼도 도움을 줄 수 있다. 말라리아는 기생충이 적혈구에 침입해 일어나는 심각한 질병이다. 이 기생충(다른 생물로부터 영양분을 빼앗아 살아가는 아주 작은 벌레)은 사람이나 다른 동물의 혈액을 자기 집으로 삼아 살아간다.

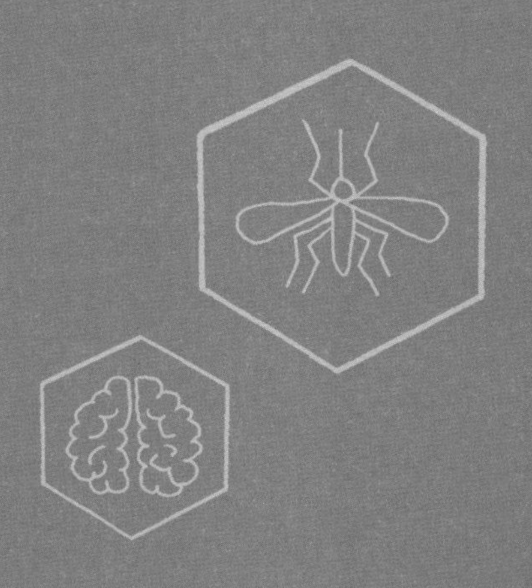

사람이 그런 기생충에 감염되면, 몸에 심한 열이 난다. 그리고 기생충이 번식하기 시작하면, 간에서 혈액으로 퍼져나가면서 심각한 건강 문제를 여러 가지 일으킨다. 그러니 세계보건기구(WHO)와 여러 보건 기관이 말라리아의 확산에 신경을 곤두세우는 것은 놀라운 일이 아니다.

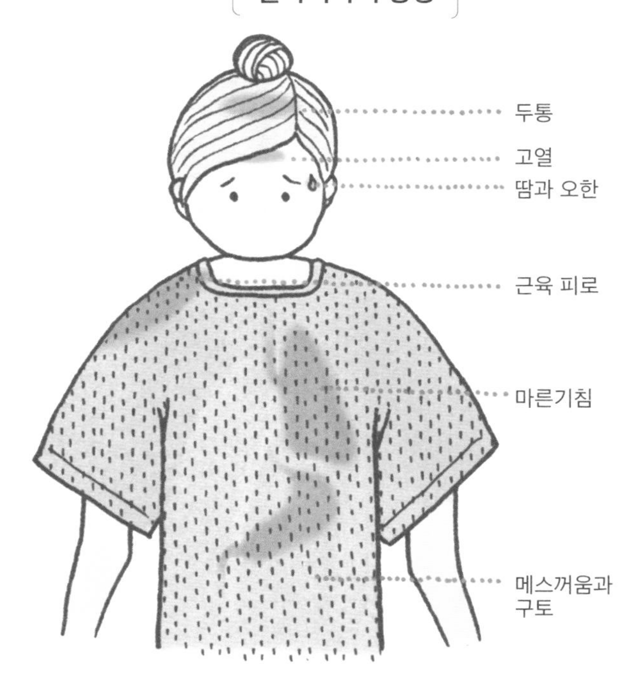

말라리아 재앙

아프리카나 남아시아 지역을 여행한 사람은 반드시 사전에 말라리아 예방약을 복용했을 것이다. 관광객은 예방약 덕분에 어느 정도 안전할지 몰라도, 지금도 매일 약 1000명이 말라리아로 죽어가고 있다. 주로 우간다, 가나, 콩고민주공화국 같은 나라들에 사는 5세 미만의 어린이들이 죽어간다.

부르키나파소의 곤충 연구소

완전히 육지로 둘러싸인 서아프리카의 이 나라에는 물 샐 틈 없는 금속 우리 안에서 벌레들을 키우는 곤충 연구소가 있다. 이곳 경비원은 조금이라도 주의를 게을리해서는 안 된다. 바늘구멍만 한 틈만 있어도 탈출할 수 있는 벌레를 감시하는 것은 쉬운 일이 아니기 때문이다.

과학자들이 이렇게 철저하게 가둬놓고 연구하는 것은 과연 무엇일까? 그것은 바로 생식 능력이 없는 수컷 모기 계통인데, 영국에서 유전자 편집을 사용해 개발하고 이탈리아의 실험실에서 만든 뒤에 이곳 아프리카로 운반해왔다.

부르키나파소의 곤충 연구소는 말라리아와 맞서 싸우는 전쟁에서 다음 단계의 큰 진전이 일어날 것으로 기대되는 곳이다. 유전자 편집 수컷 모기를 현지의 암컷 모기와 짝짓기를 시켰더니, 예측한 대로 이들 사이에서는 후손이 생기지 않았다. 이제 연구팀은 생식 능력이 없는 수컷 모기를 일부(수만 마리 정도) 자연계에 풀어 어떤 일이 일어나는지 지켜보려고 한다.

말라리아 발생 지역

이 모기들은 말라리아에 맞서도록 편집되진 않았다. 이 모기들에는 유전자 드라이브gene drive(특정 유전자를 종 전체로 확산시키는 기술)도 사용하지 않았다. 하지만 이 모기들은 현지의 모기 개체군과 부르키나파소 주민과 전 세계 사람들을 대상으로 유전자 편집 모기에 대한 반응을 시험하는 데 쓰이고 있다.
이 계획은 부르키나파소 정부로부터 승인을 받았다. 연구팀은 이 모기들의 자연계 방출이 성공하면, 규제 당국과 현지 주민 사이에서 유전자 편집 모기에 대한 인식을 개선하고 과학에 대한 신뢰를 높이는 데 도움이 되리라고 기대한다. 하지만 많은 현지 농부들과 환경 운동가들은 반대 입장을 굽히지 않고 있다.
국제연합의 생물 다양성 협약은 유전자 드라이브 생물을 최종적으로 자연계에 방출하는 시도에 대해 엄격한 조건을 달았다. 그 조건에는 이 일로 영향을 받을 수 있는 현지 공동체로부터 "충분한 정보를 바탕으로 자유롭게 의사를 표시한 사전 동의"를 받는 것도 포함돼 있다. 이것이 과연 가능한지는(부르키나파소 혹은 다른 지역에서) 두고 봐야 할 일이다.

모기가 말라리아를 일으키는 직접적인 병원체는 아니다. 직접적인 병원체는 말라리아 원충이라는 기생충이지만, 모기가 이 기생충을 옮긴다. **그 과정은 다음과 같다:**

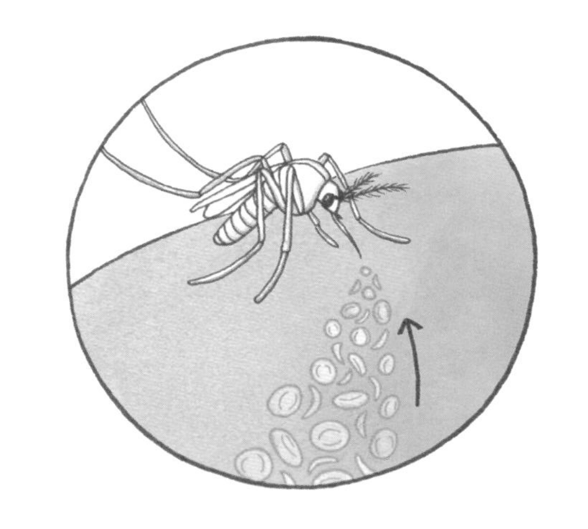

❶ 암컷 모기가 말라리아에 걸린 사람을 문다.
(그렇다, 오직 암컷 모기만 사람을 문다! 수컷은 사람 피 대신에 꽃꿀을 빨아먹는다.)

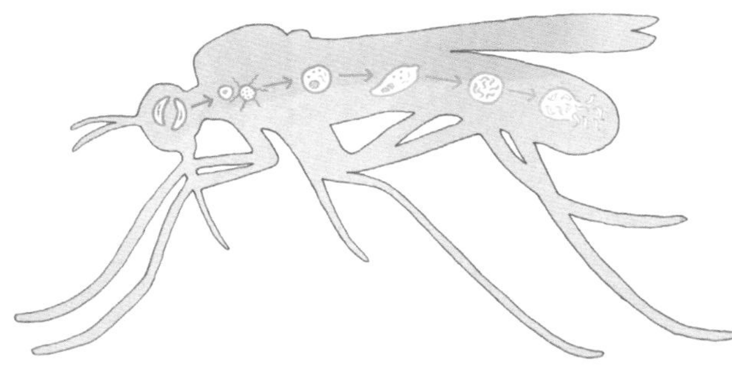

❷ 혈액을 통해 기생충이 모기의 몸속으로 들어간다. 아늑한 새 보금자리에서 기생충이 성장하고 번식한다.

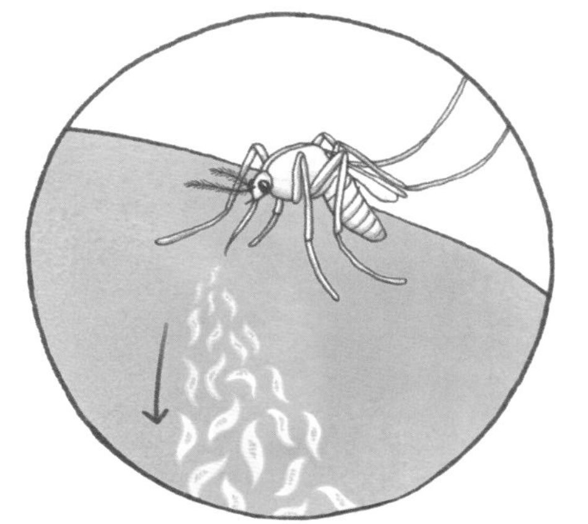

❸ 이 모기가 사람을 물면, 모기 몸속에 있던 기생충이 사람 몸속으로 들어간다.

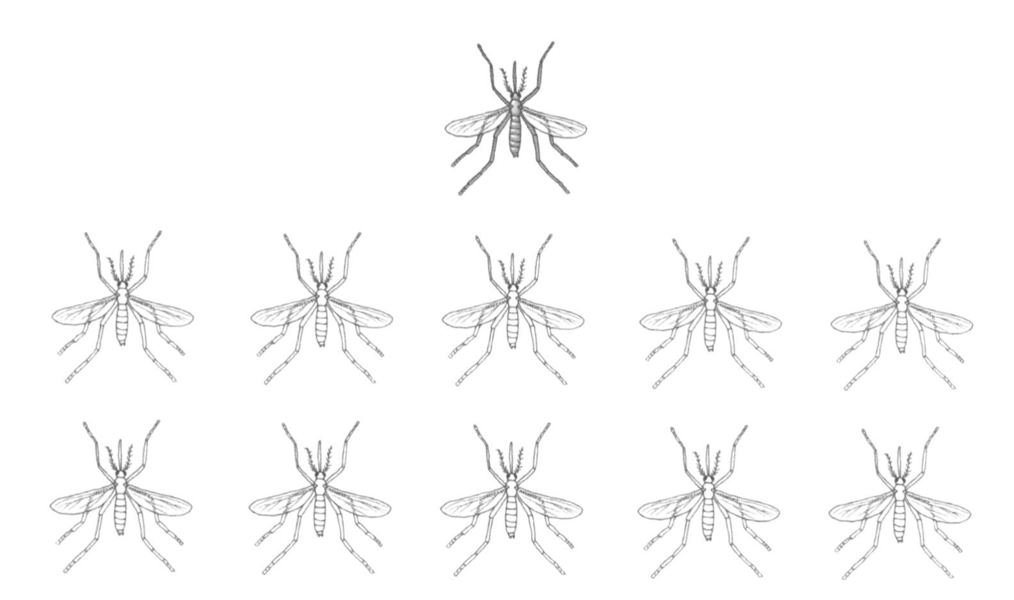

기생충 때문에 감염되고, 모기가 그 기생충을 옮긴다는 것은 알겠는데, 말라리아가 유전자와 무슨 관계가 있을까? 여기에 놀라운 사실이 한 가지 있다—말라리아 원충은 특별한 단백질의 도움이 없으면 모기의 창자 속에서 살아남을 수 없다. 짐작한 사람이 있을지 모르겠지만, 이 단백질은 *FREP1*이라는 모기 유전자의 지시로부터 만들어진다.

크리스퍼는 낫 적혈구 빈혈 같은 단일 유전자 돌연변이를 바로잡을 수 있을 뿐만 아니라, 그런 돌연변이를 만들어낼 수도 있다. 연구자들은 이를 이용해 모기의 *FREP1* 유전자에 돌연변이를 일으키거나 그 기능을 잠재워 더 이상 말라리아를 옮기지 못하게 할 수 있지 않을까 생각했다. *FREP1* 유전자 서열의 gRNA가 붙어 있고 복구 주형이 없는 카스9를 모기의 몸속에 집어넣어 그 DNA를 잘라내면 된다. 너무나도 간단하지 않은가?

음, 물론 이 단계는 충분히 간단하다. 모기 한 마리의 몸속에서 *FREP1* 유전자를 무력화시켜 말라리아를 옮기지 못하게 할 수는 있다. 하지만 저 밖에 날아다니는 수백만 마리의 모기에게 이 돌연변이를 퍼뜨리는 일은 훨씬 복잡하다. 모기 몇 마리를 편집한 뒤 풀어놓으면, 자연 속의 개체군에서 그 돌연변이가 널리 확산하지 않을까 기대하기 쉽지만, 그럴 가능성은 극히 희박한데, 그것은 다음의 두 가지 이유 때문이다:

1. ***FREP1* 유전자 돌연변이는 상염색체 열성이어서 모기가 말라리아를 옮기는 것을 막으려면 이 유전자의 두 카피를 다 제거해야 한다. 멘델이 키가 큰 완두와 작은 완두의 교배 실험에서 발견한 것처럼, 똑같이 열성 형질을 가진 상대와 짝짓기를 하지 않는 한, 열성 형질을 가진 아기를 낳을 수 없다(38쪽, '유전이 일어나는 방식' 참고). 그래서 유전자 편집 모기가 자연에서 짝짓기를 하더라도, 말라리아에 내성을 가진 자식이 태어날 가능성이 아주 낮다.**
2. **설상가상으로 *FREP1* 단백질이 없는 모기는 *FREP1* 단백질이 있는 모기보다 더 약하다. 이 모기들은 피를 많이 빨아먹지 않으며 알도 많이 낳지 않는다. 그 결과로 이 모기들은 *FREP1* 유전자를 가진 모기들보다 새끼를 덜 낳는다. 새끼를 덜 낳으면, 말라리아에 내성을 가진 특성을 후손에 전달할 가능성이 낮아진다.**

돌연변이 모기로부터 야생 모기에게 말라리아 내성을 유전시키는 데 필요한 다음 단계의 과정은 무엇일까? 야생 모기를 모두 잡아 실험실로 데려와 크리스퍼로 처리할 수는 없다. 그리고 실험실에서 모기를 대량으로 번식시키는 것 역시 답이 될 수 없는데, 과학자들은 돌연변이 모기가 자연에서 다수를 차지하려면 야생에 사는 모기보다 10배나 많은 실험실 모기를 번식시켜 풀어주어야 한다고 추정한다.

유전자 드라이브

과학은 이 문제에도 해결책을 내놓았는데, 바로 유전자 드라이브라는 방법이다. 이것은 특정 버전의 유전자가 전달될 확률을 높여 개체군 내에서 그것이 더 빨리 퍼져나가게 함으로써 유전 과정을 조절하는 기술이다. 그 과정은 다음과 같다—카스9는 *FREP1* 유전자의 gRNA와 함께 모기의 몸속으로 들어가 *FREP1* 유전자를 제거한다. 하지만 유전자 드라이브 방법에서는 카스9에 '유전자 드라이브'라는 DNA 조각도 붙어 있는데, 여기에는 '찾아서 바꾸기' 메커니즘을 촉발하는 주형이 들어 있다. 이 경우, 우리가 *FREP1* 자리에 집어넣고자 하는 서열은 카스9 복합체 자체를 만드는 유전자이다.

정신 나간 짓처럼 들린다고? 하지만 카스9가 프로그래밍 가능한 단백질이라는 사실을 기억하라. 그리고 단백질은 유전자로부터 만들어진다. 따라서 *FREP1* 유전자를 제거한 뒤에 카스9는 세포가 카스9 복제본을 만드는 데 필요한 지시를 집어넣는다. 다시 말해서, 카스9는 스스로를 복제한 클론(gRNA와 더 많은 카스9를 만드는 데 필요한 주형을 갖춘)을 만들어 유전자 드라이브에 전달한다.

❶ 찾아서 잘라내기: 만약 유전자 드라이브를 가진 모기가 야생 모기와 짝짓기를 한다면, 그 자식은 유전자 드라이브가 있는 염색체 1개와 유전자 드라이브가 없는 야생 염색체 1개를 물려받을 것이다. 유전자 드라이브 염색체는 카스9를 만들고, 카스9는 gRNA를 바탕으로 유전자 드라이브가 없는 염색체에서 DNA를 찾아 잘라낸다.

❷ 복구와 교체: 세포는 유전자 드라이브를 주형으로 사용해 잘린 DNA를 복구한다. 이제 두 염색체 모두 유전자 드라이브를 갖게 되었다. 즉 각자 카스9를 더 많이 만들 수 있는 유전자를 갖게 되었다.

❸ 확산: 유전자 드라이브는 자신과 짝을 이루는 어떤 야생 DNA에도 스스로를 집어넣기 때문에, 한쪽 부모에게서 받은 하나의 카피만으로도 유전자 드라이브(그리고 그에 딸린 모든 카스 유전자도)를 어떤 자식에게도 충분히 확산시킬 수 있다.

유전자 드라이브의 작용 방식

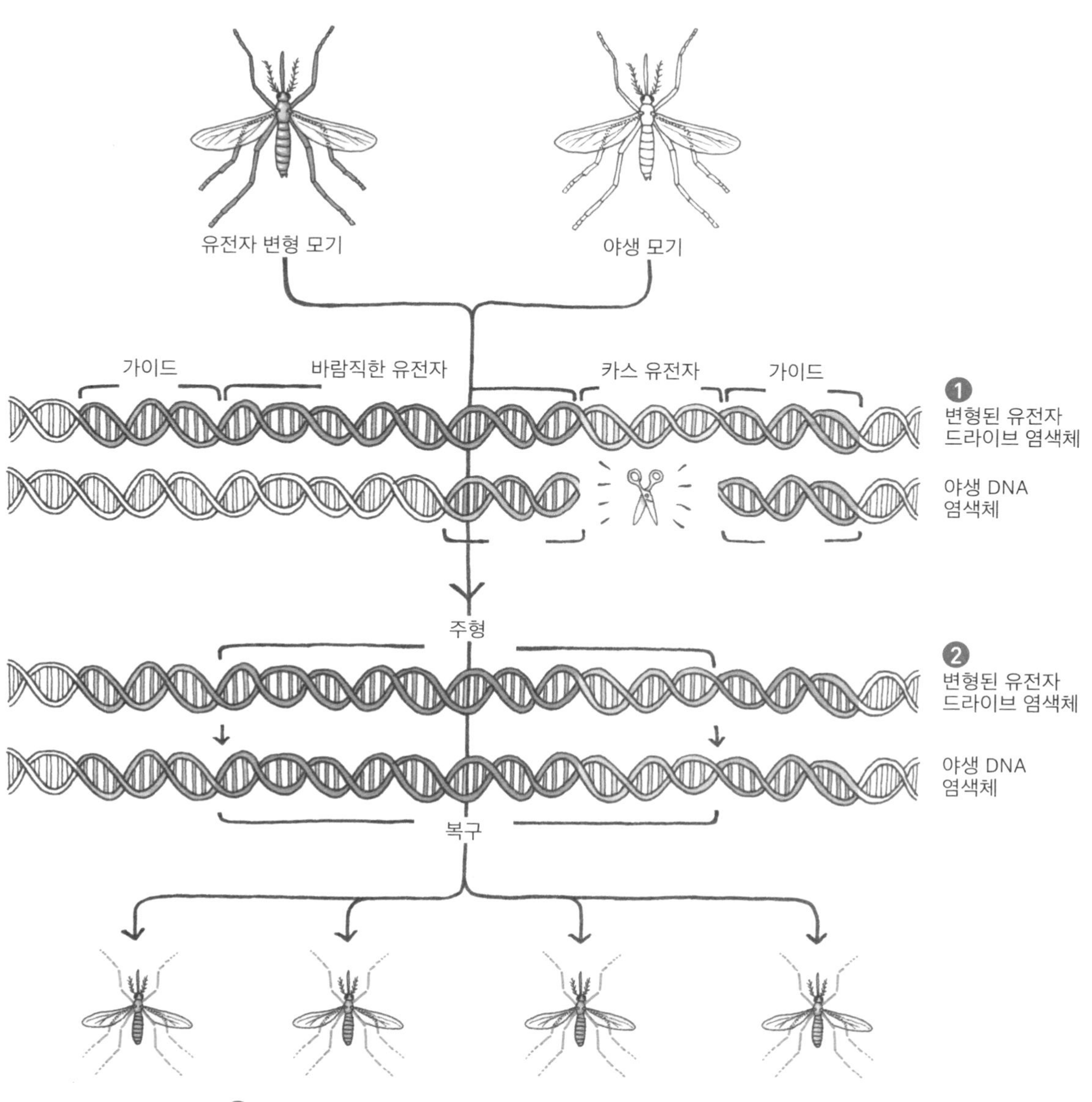

이제 카스9를 만드는 지시가 모기 유전체의 일부가 되었다. 모기가 *FREP1* 대신에 카스9를 암호화하는 염색체를 전달할 때마다 그 후손은 다른 부모로부터 물려받은 염색체를 유전적으로 편집하는 카스9 복합체를 만들게 된다. 통상적인 유전 법칙(이 경우에는 상염색체 열성 유전)을 따르는 대신에 유전자 드라이브 모기의 모든 후손은 말라리아에 내성을 갖게 된다.

과학자들은 말라리아 내성 유전자 드라이브를 전체 아노펠레스 모기(말라리아 기생충을 옮기는 모기의 한 종류) 중 단 1%에만 집어넣어도, 불과 열두 세대 만에 전체 개체군으로 확산될 것이라고 추정한다. 모기는 번식 속도가 빠르기 때문에, 이 계산에 따르면 1년 안에 말라리아 발병이 멈추게 될 것이다.

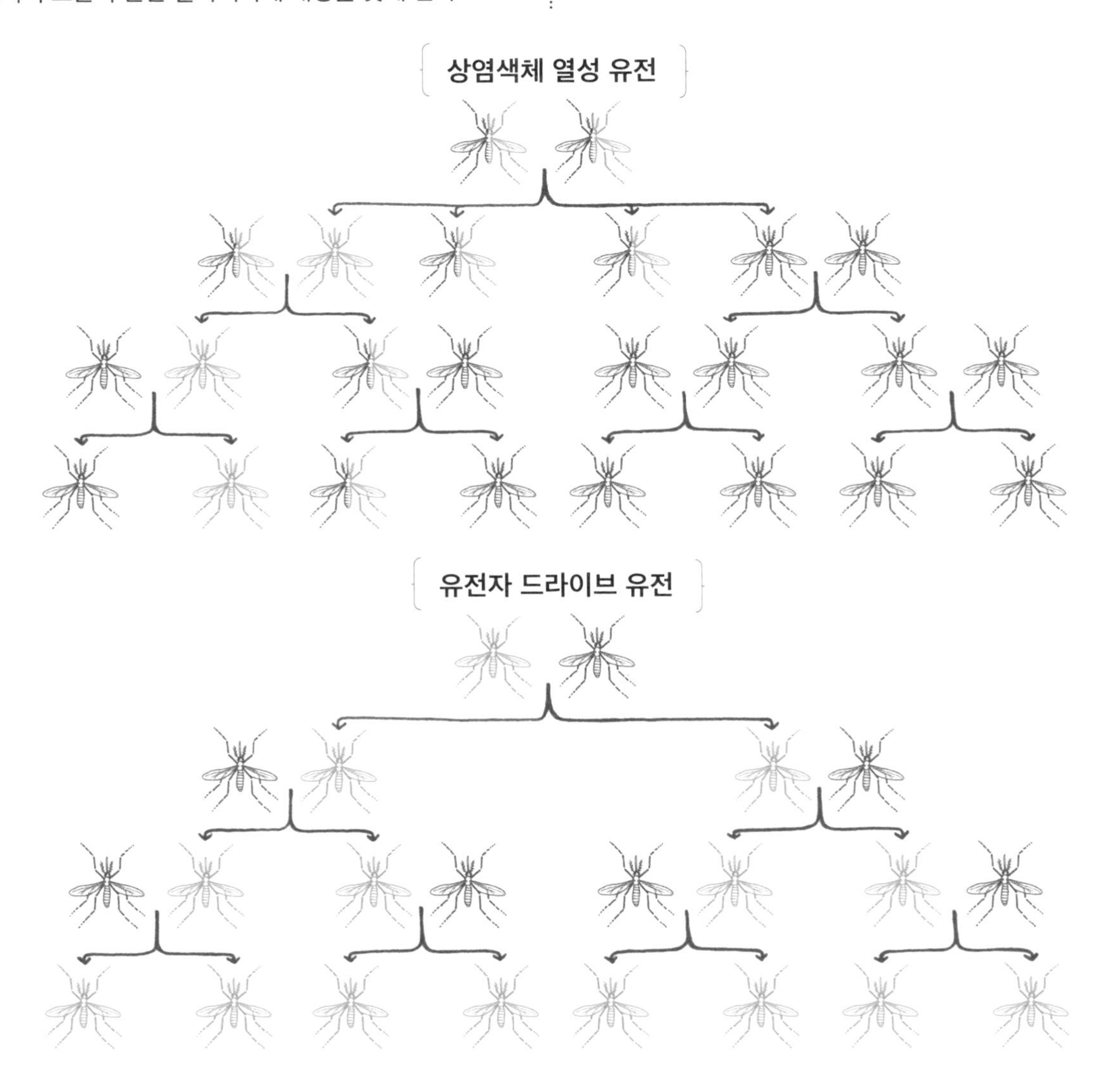

반대

모기에게 말라리아 내성을 갖게 만들려고 번거로운 작업을 하는 대신에 그냥 모기를 없애는 편이 낫지 않을까?

아니면, 적어도 말라리아를 옮기는 종류의 모기만이라도 없애면 어떨까? 혹은 그 종의 암컷만 없애면 어떨까?

실제로 크리스퍼 유전자 드라이브는 암컷 모기가 암컷 생식기를 발달시키는 데 필요한 단백질을 만드는 *doublesex* 유전자를 제거함으로써 그런 일을 해낼 수 있다. 만약 카스9 클론으로 모든 *doublesex* 유전자를 제거하면, 그 후손들은 모두 수컷만 태어날 것이다. 그러면 말라리아도 사라질 것이고(수컷 모기는 물지 않으므로), 결국에는 전체 모기 종이 사라질 것이다(짝짓기를 하려면 짝이 필요하므로).

유전자 드라이브에 반대하는 사람들은 이런 주장에 극도의 경계심을 보인다. 모기가 성가신 존재이고 별로 도움이 되는 일을 하지 않는다는 것(살충제 회사를 먹여 살리는 것 말고는)은 사실이지만, 그렇다고 인간이 어떤 종의 생사를 결정할 권리가 있을까? 어떤 해충이 멸종시켜야 할 만큼 충분히 해롭다는 결정은 누가 내리는가? 그리고 그 기술이 과연 벌레에게만 사용되리란 보장이 있을까?

우리는 이러한 결정을 내릴 권한이 누구에게 있느냐는 문제를 놓고 고민하는 한편으로, 모기에게는 여권이 없다는 사실을 잊어서는 안 된다. 모기는 국경을 넘기 전에 입국 허가를 요청하지 않는다. 만약 탄자니아는 *FREP1* 유전자 드라이브가 말라리아를 퇴치하기에 좋은 방법이라고 생각하는 반면, 케냐는 그 위험이 너무 크다고 생각한다면 어떻게 될까?

새로운 기술의 사용에는 분명히 위험이 따른다. 일부 사람들은 전 세계 공동체—연구자, 정치인, 일반 대중 그리고 미래 세대까지—가 이 기술의 제약과 규제에 합의할 때까지 말라리아 내성을 가진 유전자 드라이브 모기를 야생 자연에 풀어놓으려는 시도를 금지하자고 요구한다. 그리고 그때까지는 돈과 자원을 백신과 의약품, 모기장처럼 입증된 말라리아 퇴치 방법에 쓰는 게 더 낫다고 주장한다.

암컷 모기와 수컷 모기

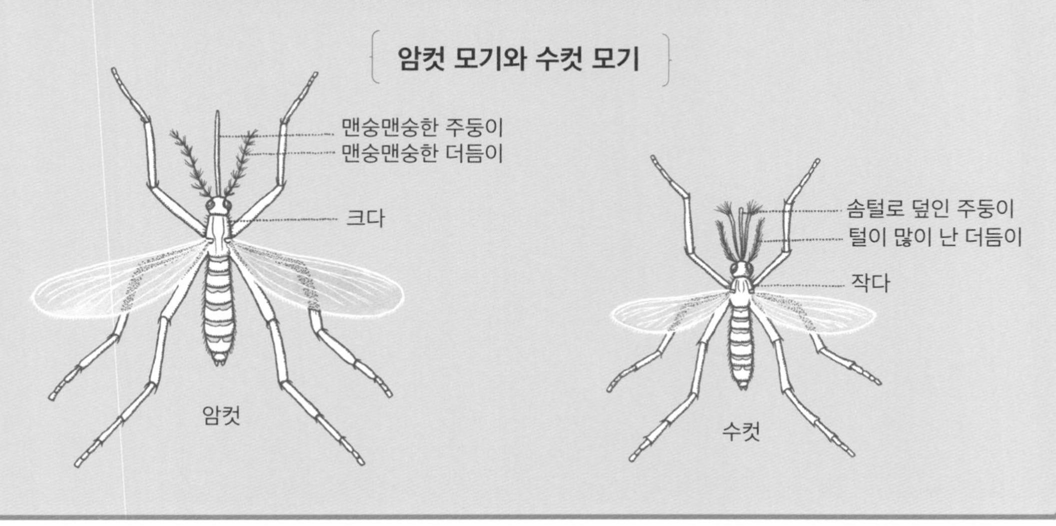

찬성 현재 사용할 수 있는 말라리아 예방법은 완전하지 않다

말라리아 백신은 효과가 완전하지 않고 일시적으로만 효과가 있으며, 말라리아 치료제는 값비싸고 부작용이 있으며, 모기장은 적절하게 사용되지 않고 살충제 성분이 묻어 있는 경우가 많다. 이 세 가지 방법의 사용을 늘리려는 노력에도 불구하고, 모기는 지구상의 어떤 생물보다도 우리에게 많은 고통을 안겨준다.

크리스퍼-카스9 유전자 드라이브는 유독한 살충제를 사용하지 않고서 말라리아 외에 황열병과 뎅기열, 웨스트나일열, 지카열, 치쿤구니야(57쪽, '세상에서 가장 치명적인 동물' 참고)처럼 모기가 옮기는 다른 바이러스를 퇴치할 수 있다. 유전자 드라이브 모기에서 얻은 지식은 진드기의 유전자를 편집해 라임병을 일으키는 세균을 옮기지 못하도록 하는 데에도 쓸 수 있다. 혹은 박쥐가 더 이상 광견병을 옮기지 못하게 하는 데에도 쓸 수 있다.

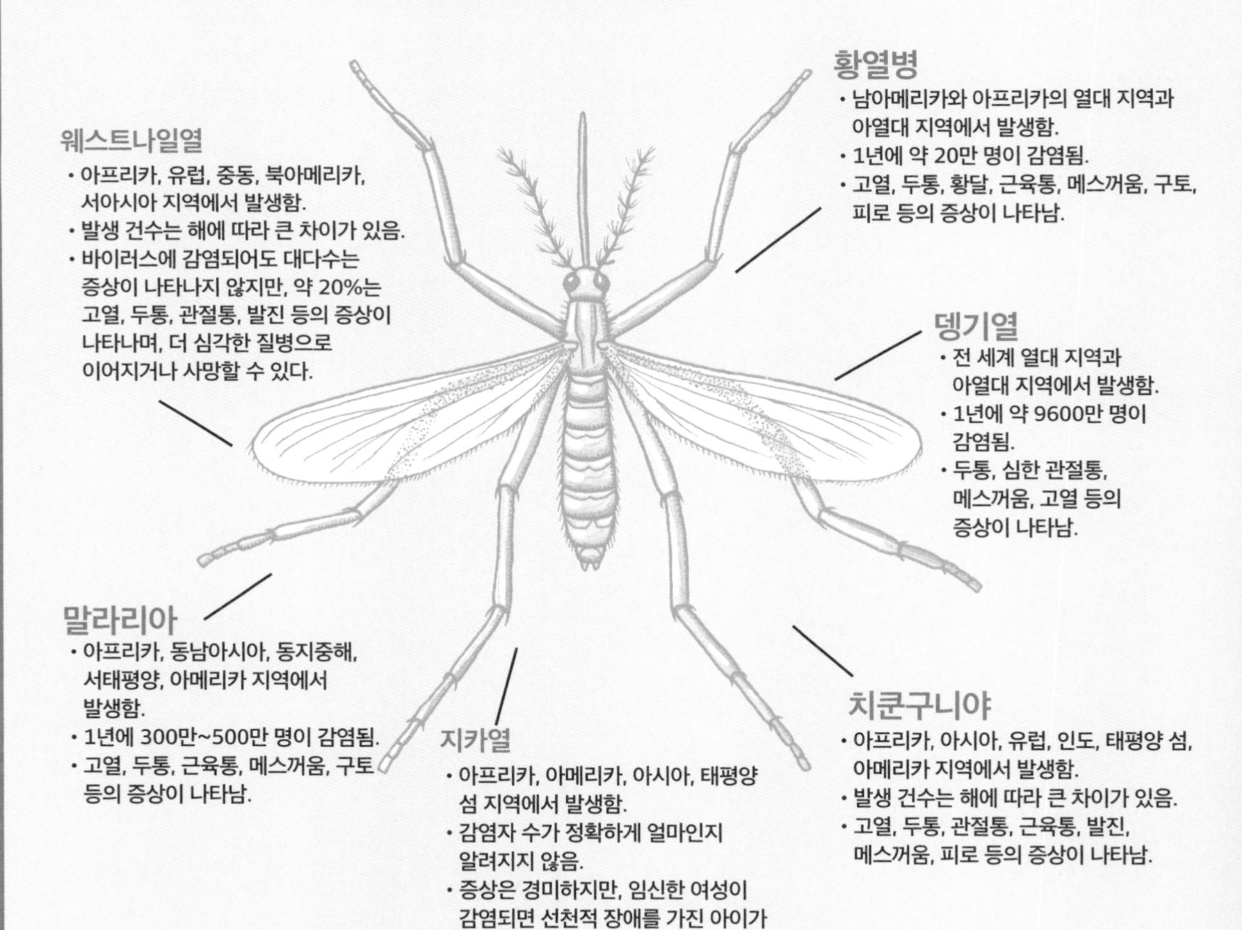

정말 멋진 이야기처럼 들리지 않는가? 하지만 이런 종류의 힘은 그 부작용에 대한 우려의 목소리도 크게 마련이다. 유전자 드라이브 기술 개발을 찬성하는 사람들은 이 기술에 자연적 한계가 있다는 점을 지적한다. 유전자 드라이브는 짝짓기를 통해 아주 빨리 번식하는 생물에게만 효과가 있다. 유전자 드라이브는 슈퍼버그 superbug(항생제로 쉽게 없앨 수 없는 병원균. 더 자세한 것은 5장에서 다룬다)를 만드는 데 사용할 수 없는데, 바이러스와 세균은 무성 생식을 통해 번식하기 때문이다. 무성 생식은 짝이 필요 없으므로, 거기서 태어나는 후손은 기본적으로 부모와 똑같은 클론이다. 유전자 드라이브는 또한 사람이나 코끼리처럼 생식 주기가 긴 종에도 효과가 없다. 한 코끼리(임신 기간이 2년 이상이나 되고 새끼를 한 번에 한 마리만 낳는)에게 유전자 드라이브를 집어넣는다면, 새로운 형질이 개체군 내에서 어느 정도 영향력을 나타낼 만큼 퍼지기까지는 수백 년이 걸릴 것이다.

유전자 드라이브는 진화를 이해할 뿐만 아니라 제어해주는 강력한 신기술이다. 이것을 사용해 말라리아에 맞서 싸우려는 시도에 불안을 느낄 수 있지만, 이 기술은 인류의 고통을 덜어주고 많은 인명을 구할 수 있다. 이 때문에 일부 사람들은 크리스퍼 유전자 드라이브 기술을 적극적으로 찬성한다.

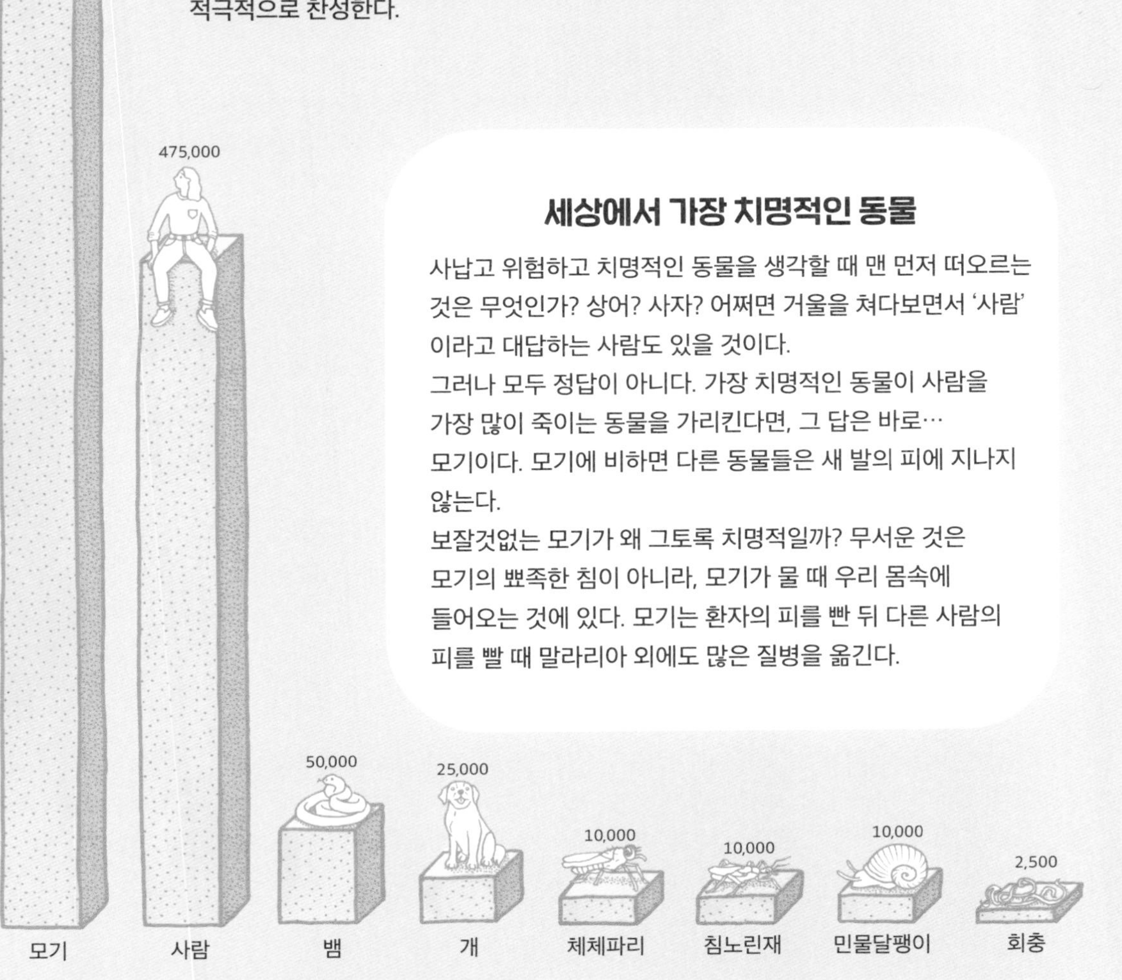

세상에서 가장 치명적인 동물

사납고 위험하고 치명적인 동물을 생각할 때 맨 먼저 떠오르는 것은 무엇인가? 상어? 사자? 어쩌면 거울을 쳐다보면서 '사람'이라고 대답하는 사람도 있을 것이다.

그러나 모두 정답이 아니다. 가장 치명적인 동물이 사람을 가장 많이 죽이는 동물을 가리킨다면, 그 답은 바로… 모기이다. 모기에 비하면 다른 동물들은 새 발의 피에 지나지 않는다.

보잘것없는 모기가 왜 그토록 치명적일까? 무서운 것은 모기의 뾰족한 침이 아니라, 모기가 물 때 우리 몸속에 들어오는 것에 있다. 모기는 환자의 피를 빤 뒤 다른 사람의 피를 빨 때 말라리아 외에도 많은 질병을 옮긴다.

크리스퍼 유전자 드라이브는 많은 생명을 구할 잠재력이 있지만, 신중하게 접근해야 한다

유전자 드라이브 기술은 사회를 완전히 새로운 영역으로 들어서게 할 것이다. 이 기술은 단지 한 생물의 유전자를 편집하는 데 그치지 않고 종 전체를 변화시킬 수 있다. 실험실에서 크리스퍼-카스9를 사용해 말라리아에 내성을 지닌 모기를 만드는 실험이 많이 일어났지만, 유전자 드라이브 모기를 야생 자연에 풀었을 때 일어날 일에 대해서는 아직도 많은 질문이 남아 있다.

만약 모기를 완전히 없앴는데, 실제로는 모기가 생각보다 중요한 존재라는 사실이 밝혀지면 어떻게 할 것인가? 열대 우림의 모기를 모조리 없애면, 모기를 잡아먹고 살던 새들이 다른 곤충으로 배를 채울지도 모른다. 그리고 모기에 의존해 수분을 하던 식물들은 다른 새와 곤충의 도움을 받아 수분을 할지 모른다. 하지만 북극에서는 완전히 다른 상황이 펼쳐질 수 있다. 북극의 모기가 완전히 사라지면 (의도적으로 없애거나 말라리아에 내성을 지닌 유전자 드라이브 모기 종의 일부 유전자가 우연히 북극에 사는 종들로 흘러듦으로써) 툰드라에서 살아가는 새들의 수가 줄어들거나 순록의 이동 경로가 바뀌는 등 심각한 결과가 나타날 수도 있다.

그리고 만약 유전자 편집 모기가 이전보다 훨씬 강해진다면 어떻게 될까? 혹은 우리가 기대하지 않았던 방식으로 변한다면? 우리는 1억 년 이상 지구에서 살아온 종에 작용하는 자연 선택과 진화(59쪽, '다윈과 자연 선택 이론' 참고)에 간섭을 하는 것이다. 거대한 식인 모기는 저예산 공포 영화의 소재처럼 들릴지 모르지만, 여기서 요점은 유전자 드라이브 모기를 야생 자연에 풀어놓는 순간, 우리가 모든 '만약의 문제'에 대한 통제력을 잃게 된다는 점이다.

이런 이유 때문에 과학자들은 이 기술의 안전장치를 개발하려고 노력하고 있다. 예컨대 다음과 같은 것들이 있다:

- **특정 종에만 독특하게 존재하는 DNA 서열을 표적으로 삼는 정밀 드라이브**
- **야생 모기를 원래의 유전자 드라이브에 내성을 갖게 만드는 면역 드라이브**
- **몇 세대가 지나면 스스로 파괴되는 자기 조절 유전자 드라이브**
- **원래의 서열을 회복할 수 있는 역전 유전자 드라이브**
- **원치 않는 변화를 지울 수 있는 후속 드라이브**

이 안전장치들은 일종의 킬 스위치kill switch(비상 종료 스위치) 역할을 해 잘못된 일이 일어났을 때 유전자 드라이브를 멈출(심지어 되돌릴) 수 있다. 유전자 드라이브를 야생 자연에 풀어놓기 전에 이러한 킬 스위치들이 준비가 되었는지 확인할 필요가 있다. 또한 이런 킬 스위치를 쓸 필요가 없을 정도로 유전자 드라이브가 충분히 안전한지 사전에 꼼꼼하게 확인해야 한다.

다윈과 자연 선택 이론

1859년, 찰스 다윈은 《종의 기원》을 출판하면서 자연 선택에 의한 진화 이론을 세상에 소개했다. 이 이론은 오랜 시간이 지나면서 유전 형질에 일어난 변화의 결과로 동물과 식물이 어떻게 변하는지 설명한다.

20만 년이 넘는 시간에 걸쳐 사람은 환경에 적응해왔다. 20만 년 뒤 우리는 어떤 모습을 하고 있을까? 여전히 사냥을 하거나 농사를 지을 수 있을까? 아니면, 다시는 되돌릴 수 없게 장비들과 결합한 채 살아갈까?

자연 선택 이론의 기본 개념은 이렇다. 환경에 잘 적응하는 방식으로 변하는 생물은 살아남아서 후손을 남길 가능성이 더 높다. 예를 들어 청개구리의 몸 색깔은 초록색 또는 회색일 수 있다. 만약 청개구리가 열대 우림에서 산다면, 초록색 몸 색깔이 초록색 나뭇잎과 섞여 뱀이나 새에게 잘 발각되지 않을 것이다. 하지만 더 북쪽의 숲에서는 초록색 몸 색깔은 굶주린 포식 동물의 눈에 잘 띄는 표적이 될 것이다. 이 환경에서는 회색 몸 색깔이 마른 나무껍질과 섞이므로 선택적으로 유리하다.

이런 종류의 변화(혹은 적응)는 무엇이 만들어낼까? 그 답은 바로 유전자이다. 3장에서 DNA가 복제될 때마다 실수가 일어날 수 있다고 한 이야기를 기억하는가? 가끔은 이런 실수가 행운의 사건이 될 수 있다. 그래서 초록색 색소를 만들던 유전자 암호에 돌연변이가 일어나 회색 색소를 만드는 일이 일어날 수 있다.

청개구리의 예가 보여주듯이, 어떤 변화가 이로운 것이냐 해로운 것이냐는 사는 장소에 따라 달라진다.

3장에서 말라리아 발병 위험이 높은 곳에서는 낫 적혈구 빈혈 소질이 살아가는 데 유리하다는 것을 보았다. 하지만 다른 곳에서는 어떨까? 그저 낫 적혈구 빈혈에 걸린 아이를 낳을 확률만 높일 뿐이다.

예리한 질문

우리 마음대로 환경을 바꾸어도 될까?

인류의 역사에서 어느 시점부터 우리는 환경에 맞춰 자신이 적응하던 이전의 방식을 멈추었다. 대신에 환경을 우리의 필요에 맞춰 바꾸기 시작했다.

어떤 경우에는 그러한 환경 변화에 우리와 공간을 함께하는 종들을 변화시키는 것도 포함되었다. 예를 들면, 어떤 식물이 어디에 살아야 할지 자연에 결정을 맡기는 대신에 우리는 특정 품종을 정원에서 살도록 선택할 수 있다. 여기서 우리는 물과 비료 같은 요소를 제어할 수 있고, '해충'과 '잡초'와의 경쟁 같은 요소를 제거할 수 있다. 우리는 크리스퍼 유전자 드라이브를 사용해 '비료' 유전자를 바람직한 식물에 집어넣고, '독소'를 해충에 집어넣음으로써 같은 일이 더 빠르고 더 쉽게 일어나게 할 수 있다.

우리 자신의 생존을 위해 어떤 종 전체를 없애는 것은 지나치다고 생각하는 사람들도 있다. 심지어 그런 행동을 '신의 역할을 하려' 든다고 표현하기까지 한다. 반면에 인류의 진화가 계속되려면, 지식을 사용하고 기술을 발전시켜 주변 세계를 제어해야 한다고 생각하는 사람들도 있다.

여러분은 어떻게 생각하는가? 우리가 원하는 대로 환경을 제어해야 할까, 아니면 종들이 스스로를 돌보도록 내버려두어야 할까?

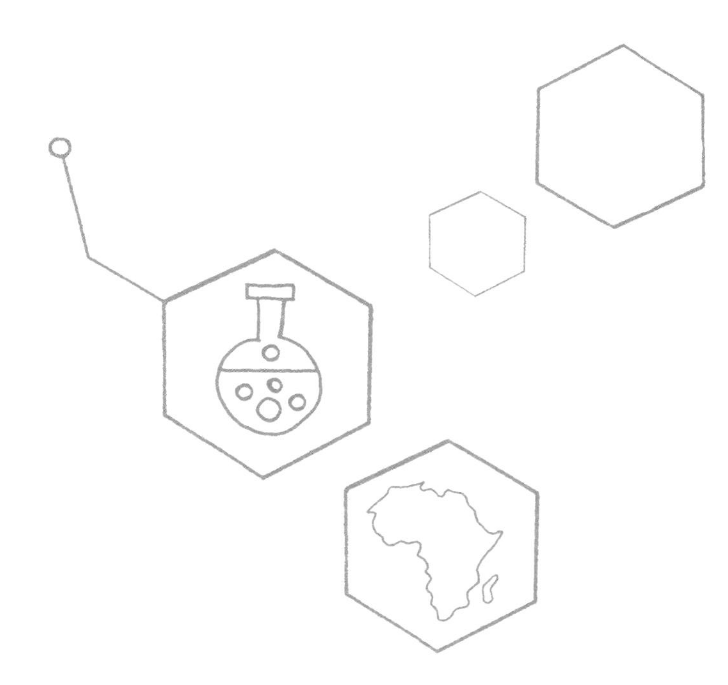

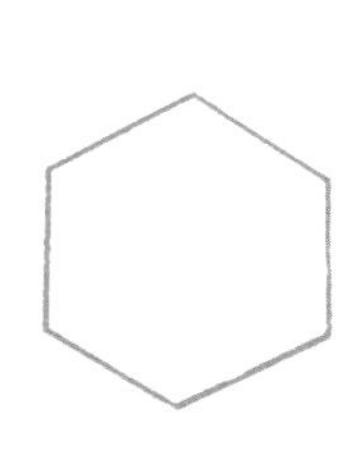

5

암 치료

암은 낫 적혈구 빈혈과 달리 단일 유전자 질환이 아니다. 암은 유전자 변화로 생기지만, 단순히 단일 유전자 돌연변이로 일어나지 않는다. 희귀한 사례(73쪽, 'BRCA' 참고)를 제외하고는 암을 일으키는 돌연변이는 사람이 살아가는 동안에 생겨나며 유전되지 않는다.

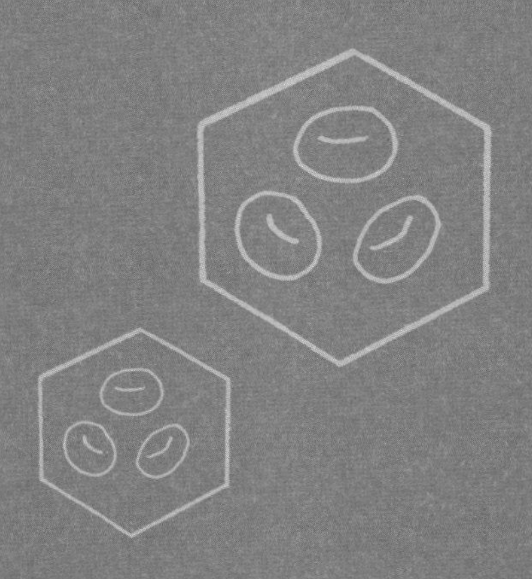

치명적으로 변하기 전에 암세포는 정상 세포에서 출발한다. 그 세포는 피부세포나 폐세포 혹은 위세포 등 어떤 것이라도 될 수 있다. 앞에서 이야기했듯이, 세포가 세포핵에서 사용 설명서를 복제할 때마다 실수가 일부 일어난다. 실수가 조금 일어나더라도 세포는 여전히 유전체가 제공한 지시를 수행할 수 있다. 하지만 실수가 계속 쌓이면, 그것은 산산이 찢어져 학교 복도에 흩어진 과학 공책처럼 보이기 시작한다.

돌연변이가 누적되면, 세포는 점점 더 빨리 분열하기 시작한다. 30억 개의 염기쌍을 매번 복제할 때마다 철자 오류가 점점 더 늘어난다. 이 때문에 어떤 돌연변이가 처음에 암세포를 통제 불능 상태로 증식하게 만드는지 찾아내기가 어렵다. 그것은 특정 종류의 암을 예방하고 진단하고 치료하는 데 아주 중요한 정보이다.

2003년부터 사람의 유전체 염기 서열이 완전히 밝혀지긴 했지만, 우리는 아직도 많은 유전자가 정확하게 어떤 일을 하는지 모른다. 2장에서 이야기했던 비암호화 DNA에 대해서도 우리는 아는 것이 거의 없다. 여기서 크리스퍼가 도움의 손길을 뻗친다. 크리스퍼 기술은 암과 그 밖의 복잡한 질병을 이해하는 데 도움을 주었다.

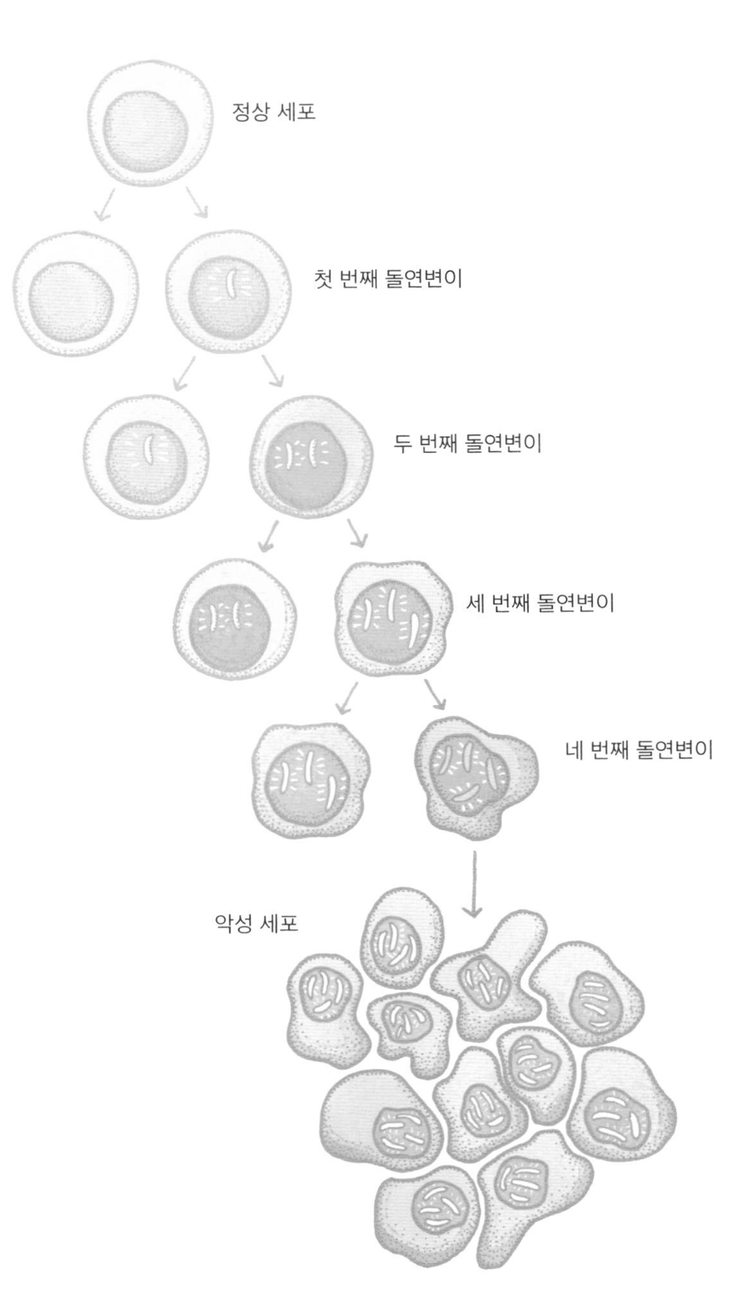

DNA의 돌연변이는 햇빛, 방사선, 담배 연기 같은 환경 요인 또는 복제 과정에서 일어난 실수로 일어날 수 있다. 돌연변이가 더 많이 쌓일수록 세포는 통제 불능 상태로 증식하기 시작해 결국에는 종양이 된다. 종양은 다른 세포에 침입해 암이 될 때 악성으로 변한다.

암을 제거하는 방법?

이것은 단순히 2단계 과정을 거치면 되는데, 먼저 어떤 유전자를 제거하고 나서 그다음에 어떤 일이 일어나는지 지켜보면 된다. 크리스퍼-카스9는 아주 정확하고 정밀하므로, 여러 유전자를 각각 정도를 달리하면서 제거해 암과 그 밖의 복잡한 질병이 발달하는 과정을 흉내내도록 프로그래밍할 수 있다. 최근에 크리스퍼를 사용해 단 하나의 세포에서 1만 3000회의 편집을 한 적이 있다.

하지만 암을 유발하는 돌연변이가 모두 다 유전자 내에서 일어나는 것은 아니다. 어떤 유전자에게 어디서 단백질 생산을 위한 암호화를 시작하라고 알려주는 세 문자 부호 바로 앞에 그 유전자가 언제 켜지고 꺼져야 하는지 알려주는 DNA 정보가 있다. 이것은 단백질을 만들 필요가 있을 때 유전자가 '활성화'시키고, 단백질이 필요 없을 때 '비활성화'시키는 전원 스위치 같은 것이라고 생각하면 편리하다. 유전자의 스위치를 켜 단백질 합성을 시작하게 하는 것을 유전자 발현이라 부른다.

엉뚱한 때에 유전자를 켜지거나 꺼지게 만드는 돌연변이가 암의 원인이 될 수 있기 때문에, 과학자들은 유전자 발현을 제어하기 위해 크리스퍼 체계를 해킹했다. 이 경우에는 카스9 복합체 안에 있는 핵산 분해 효소를 일종의 분자 스위치로 대체했다. 이 카스9 버전은 일치하는 염기쌍 20개 서열을 찾는 데 여전히 gRNA를 사용한다. 이 서열은 구체적으로는 표적 유전자의 시작 지점(프로모터promoter라 부르는 지역) 바로 앞에 있다. 하지만 핵산 분해 효소로 DNA의 이중 나선을 푼 뒤에 그것을 잘라내는 대신에, 카스9는 새로운 단백질을 직접 DNA에 붙인다. 단백질의 종류에 따라 이것은 그 옆에 있는 유전자를 활성화하거나 억제한다.

이 연구는 생쥐를 대상으로 많이 일어났는데, 생쥐는 사람의 질환을 연구하기에 아주 훌륭한 모형이기 때문이다. 왜냐고? 생쥐는 사람과 같은 유전자를 85%나 공유하고, 면역계와 신경계, 심장혈관계, 근골격계도 거의 비슷할 뿐만 아니라 사육 상태에서 아주 빨리 번식하기 때문이다.

과학자들은 크리스퍼를 사용해 여러 종류의 암에 걸린 생쥐 모형을 만들었다. 생쥐 모형은 암의 원인을 이해하는 데 도움을 줄 뿐만 아니라, 암에 맞서 싸우는 방법을 찾는 데에도 도움을 준다.

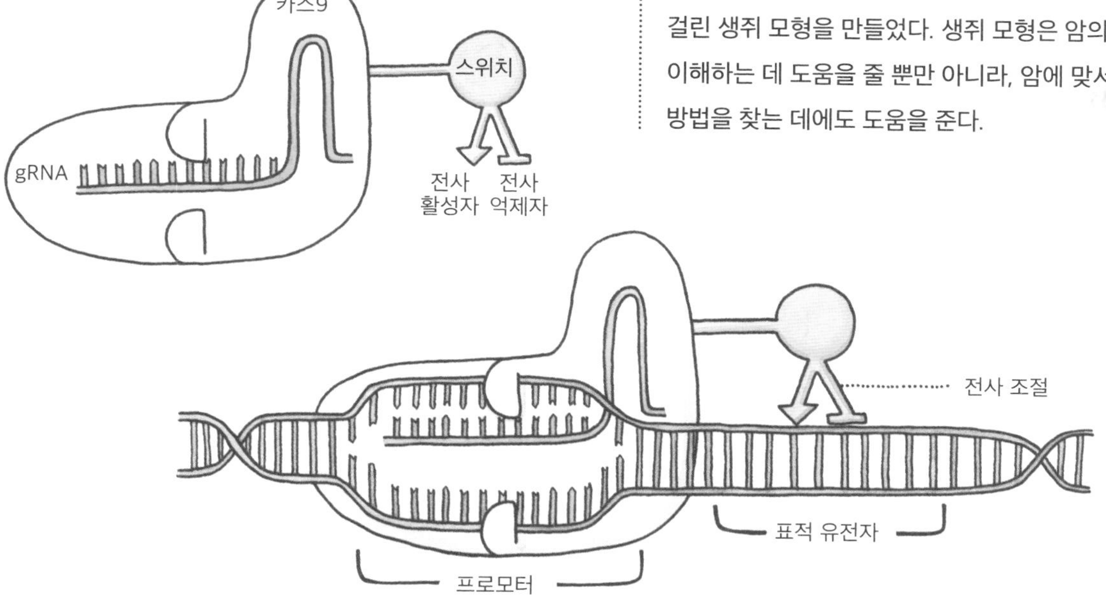

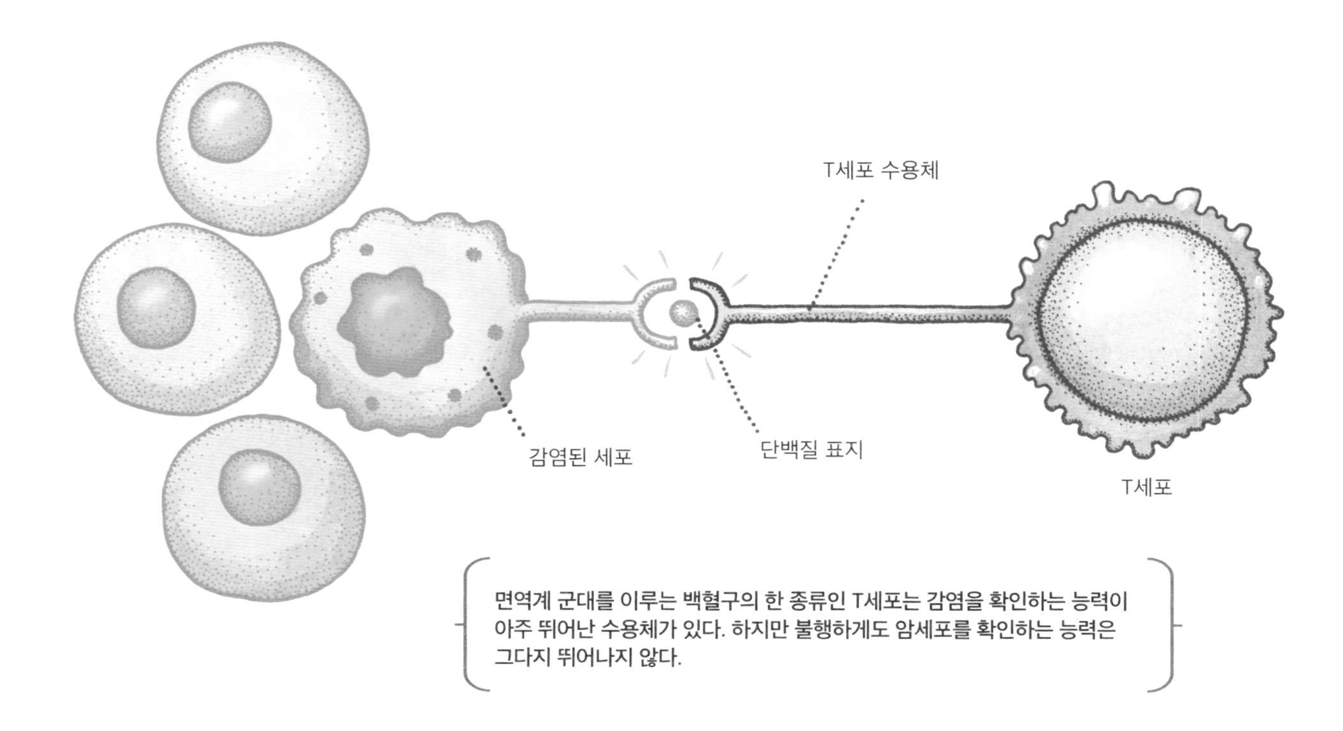

면역계 군대를 이루는 백혈구의 한 종류인 T세포는 감염을 확인하는 능력이 아주 뛰어난 수용체가 있다. 하지만 불행하게도 암세포를 확인하는 능력은 그다지 뛰어나지 않다.

면역 요법

여기서부터 일이 아주 재미있게 흘러간다. 우리는 크리스퍼를 사용해 의도적으로 생쥐 몸속에서 암이 발달하게 했다. 이제 크리스퍼를 사용해 이 생쥐를 치료할 수 있을까?

논리적으로는 암을 만든 것과 같은 방법으로 암을 치료할 수 있어야 한다. 돌연변이를 일으킨 유전자를 다시 편집하는 방법을 쓰면 될 것처럼 보인다. 암이 발달하기 이전 단계에서 생쥐를 치료할 수만 있다면 이것은 충분히 가능하다. 하지만 일단 종양이 성장하기 시작하면, 세포 분열이 일어날 때마다 계속 축적되는 돌연변이를 모두 다 고친다는 건 거의 불가능하다.

또 다른 방법은 기존의 약이 훨씬 나은 효과를 발휘하도록 암세포를 편집하는 것이다. 예를 들면, 크리스퍼-카스9로 단 하나의 유전자만 제거함으로써 폐암세포를 화학 요법에 훨씬 잘 반응하게 만들 수 있다. 크리스퍼는 또한 특정 암의 생존에 필수적인 유전자가 어떤 것인지도 확인할 수 있다. 그러면 이 정보를 바탕으로 그 유전자를 표적으로 삼는 약을 개발할 수 있다.

암은 통제 불능 상태로 성장하는 세포들과 거기에 맞서 싸우는 건강한 세포들 사이에 벌어지는 전쟁이다. 그렇다면 암세포를 표적으로 삼아 공격하는 대신에 건강한 세포들이 이기도록 도와주면 어떨까? 이것이 바로 면역 요법의 기본 개념으로, 우리 몸의 면역계가 스스로 암세포를 추적해 죽일 수 있도록 돕는다.

면역 요법의 원리를 이해하려면, 세포들이 서로

어떻게 소통하고 상호 작용하는지 아는 게 필요하다. 사람마다 제각각 독특한 지문을 가졌듯이, 동물 세포의 세포막에는 다른 세포들이 그 세포를 확인할 수 있는 단백질이 있다. 세포막에는 주변에서 일어나는 사건에서 나온 신호를 감지하여(이것은 수면 위에서 어떤 일이 일어나는지 살펴보는 잠수함의 잠망경과 비슷하다) 어떤 반응을 보여야 할지 알려주는 수용체도 있다. 이 확인-반응 체계 덕분에 세포는 영양 물질 분자가 들어올 수 있도록 세포막의 문(혹은 통로)을 여는 것에서부터 세균이나 바이러스 같은 적과 맞서 싸우도록 무장하는 것에 이르기까지 온갖 일을 할 수 있다. 암세포는 T세포(면역계의 주력 보병 부대에 해당하는)의 감시를 피하는 데 아주 능숙하다. 이를 위해 암세포는 단백질 식별 표지를 숨기거나 T세포를 잠재우는 분자를 분비하는 등 온갖 술수를 쓴다.(암세포에게는 정정당당하게 싸운다는 개념이 없다!)

은밀하게 활동하는 암세포를 T세포가 물리치도록 돕기 위해 유전공학 기술로 T세포를 개조하려는 시도들이 있었다. 한 가지 방법은 면역계의 또 다른 팀인 B세포의 특별한 능력을 이용한다. B세포는 암세포의 세포막에서 특정 단백질을 확인하는 능력이 아주 탁월하다. 하지만 B세포는 T세포와 달리 적을 죽이는 능력이 없다. 그렇다면 이 둘을 합치면 어떨까? 그러면 고도의 킬링 머신인 슈퍼 T세포가 탄생한다!

이 체계를 더욱 효율적으로 만들기 위해 슈퍼 T세포를 환자의 암 프로필(이것은 온라인 데이트 사이트에 올리는 신청자의 프로필과 비슷한데, 다만 장점 대신에 단점—유전자 돌연변이—을 강조한다는 점이 다르다)에 맞춰 주문 제작할 수 있다. 생쥐 모형에서 크리스퍼는 T세포의 개조를 더 빠르고 더 싼 비용으로 더 정확하게 일어나게 할 수 있었다. 정확성은 특히 중요한데, 일단 킬링 머신이 된 T세포는 적을 무자비하게 사냥하기 때문이다. 크리스퍼는 이런 형태의 면역 요법을 혈액암, 뇌암, 폐암을 비롯해 다른 종류의 암에도 사용할 수 있게 해주었다.

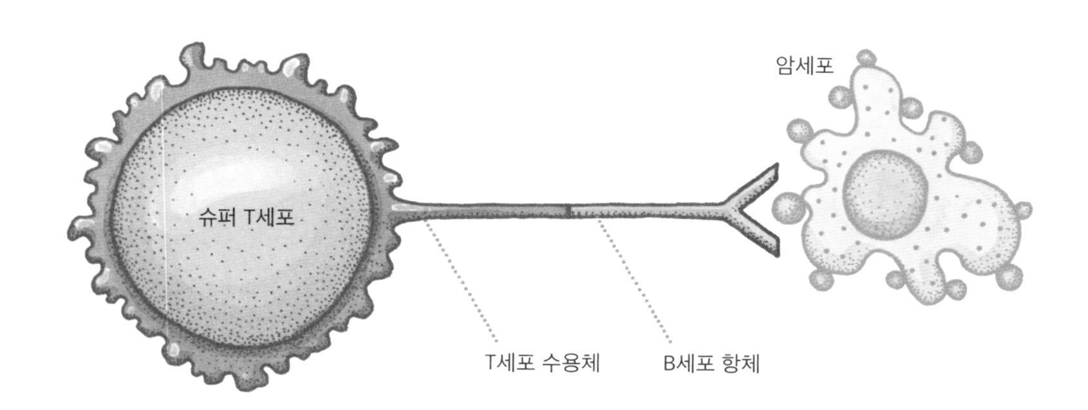

유전공학 기술의 도움으로 B세포의 암세포 탐지 능력까지 갖춘 T세포 수용체가 슈퍼 T세포에게 암세포를 공격하라는 신호를 보낸다.

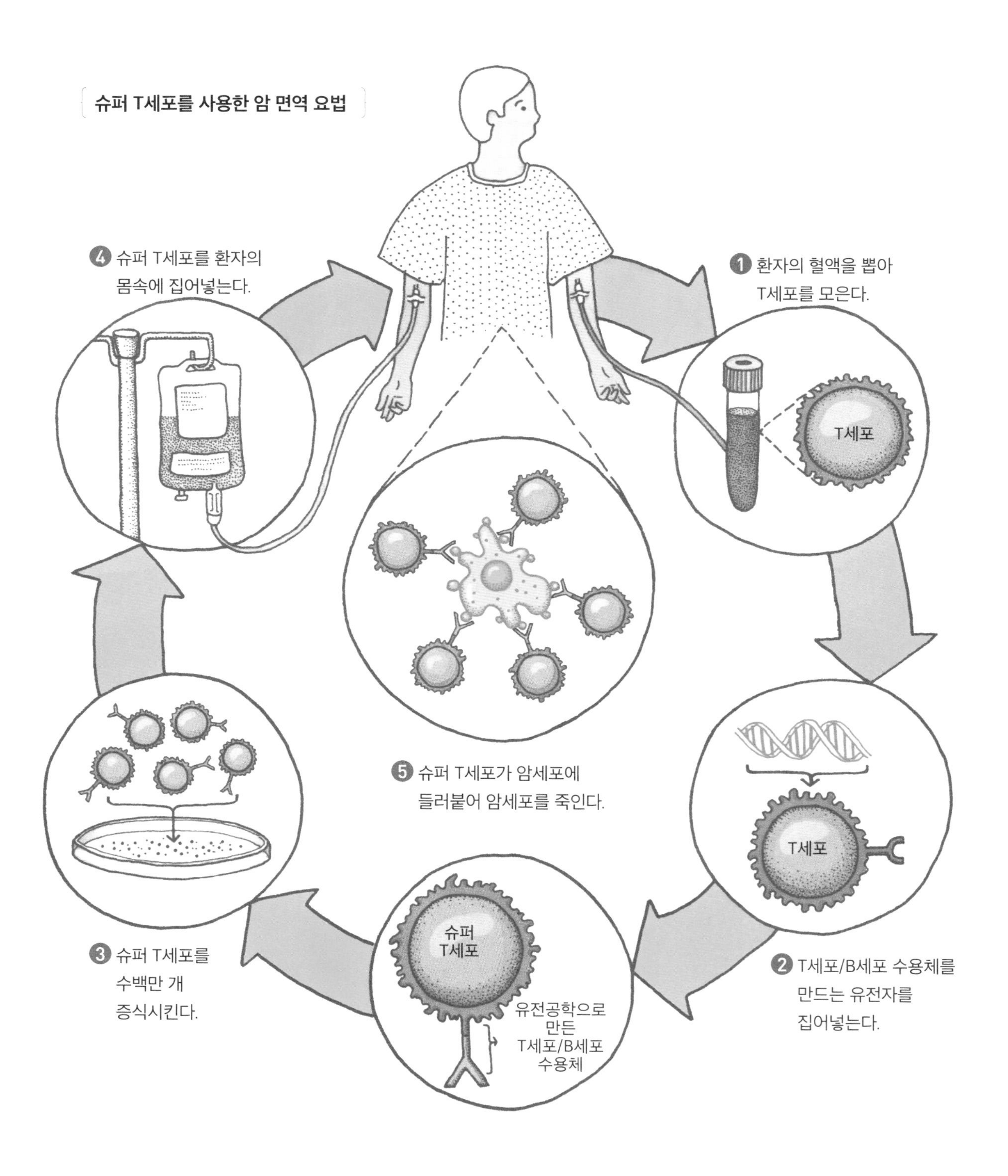
슈퍼 T세포를 사용한 암 면역 요법
❶ 환자의 혈액을 뽑아
T세포를 모은다.
T세포
❷ T세포/B세포 수용체를
만드는 유전자를
집어넣는다.
T세포
슈퍼
T세포
유전공학으로
만든
T세포/B세포
수용체
❸ 슈퍼 T세포를
수백만 개
증식시킨다.
❹ 슈퍼 T세포를 환자의
몸속에 집어넣는다.
❺ 슈퍼 T세포가 암세포에
들러붙어 암세포를 죽인다.

생물 무기 전쟁?

생물 무기는 살아 있는 생물을 다른 생물을 공격하도록 설계한 것이다. 특정 동물이나 식물을 중독시키는 독소를 생물 무기로 만들 수도 있고, 세균이나 바이러스 같은 감염성 병원체를 생물 무기로 만들 수도 있다. 크리스퍼를 사용해 생물을 생물 무기로 편집하는 방법은 여러 가지가 있다.

생물 테러 방법 #1: 슈퍼버그. 일부 세균은 자연 선택(59쪽, '다윈과 자연 선택 이론' 참고)을 통해 살아남는데, 그 세균을 죽이도록 설계된 약에 내성을 갖게 하는 무작위적 돌연변이가 일어날 수 있기 때문이다. 크리스퍼를 사용해 세균의 유전체를 항생제에 내성을 갖도록 의도적으로 편집할 수 있는데, 그렇게 되면 항생제가 효과가 없어 감염병을 치료할 수 없게 된다.

크리스퍼는 또한 전 세계에서 완전히 사라졌다고 공식 선언된 1980년 이전까지 3억~5억 명의 목숨을 앗아간 천연두 같은 바이러스를 다시 만들어낼 수도 있다. 비록 천연두 백신이 있긴 하지만, 만약 지금 당장 이 바이러스(혹은 그것을 모방한 바이러스)를 풀어놓는다면, 자연 면역력을 가진 사람이 거의 없어 천연두가 급속도로 퍼질 것이다.

생물 테러 방법 #2: 생화학 물질. 크리스퍼를 사용해 세포의 유전체를 편집해 특별한 단백질을 만들게 할 수 있는데, 이 단백질은 자신을 만든 세포를 파괴한다. 세포가 자신의 생존에 필요한 일을 하는 일꾼들을 더 이상 만들지 못하게 유전체를 편집할 수도 있다. 어느 쪽이건, 편집된 세포들이 죽어가 결국에는 살아남은 세포가 하나도 없을 것이다.

여기서 한 단계 더 나아가, 세포막의 독특한 단백질을 바탕으로 암세포를 찾아내 파괴하도록 T세포를 프로그래밍할 수 있다면, 사람의 혈통이나 성, 가족에 특유한 단백질을 바탕으로 세포를 찾아내 파괴하도록 프로그래밍할 수도 있을 것이다. 이 기술을 사용해 특정 집단의 사람들에게만 독성을 나타내는 생물 독소를 만들 수도 있다.

찬성

암과 맞선 전쟁에서 사용 가능한 모든 무기를 사용하는 것에 반대하는 사람은 많지 않을 것이다

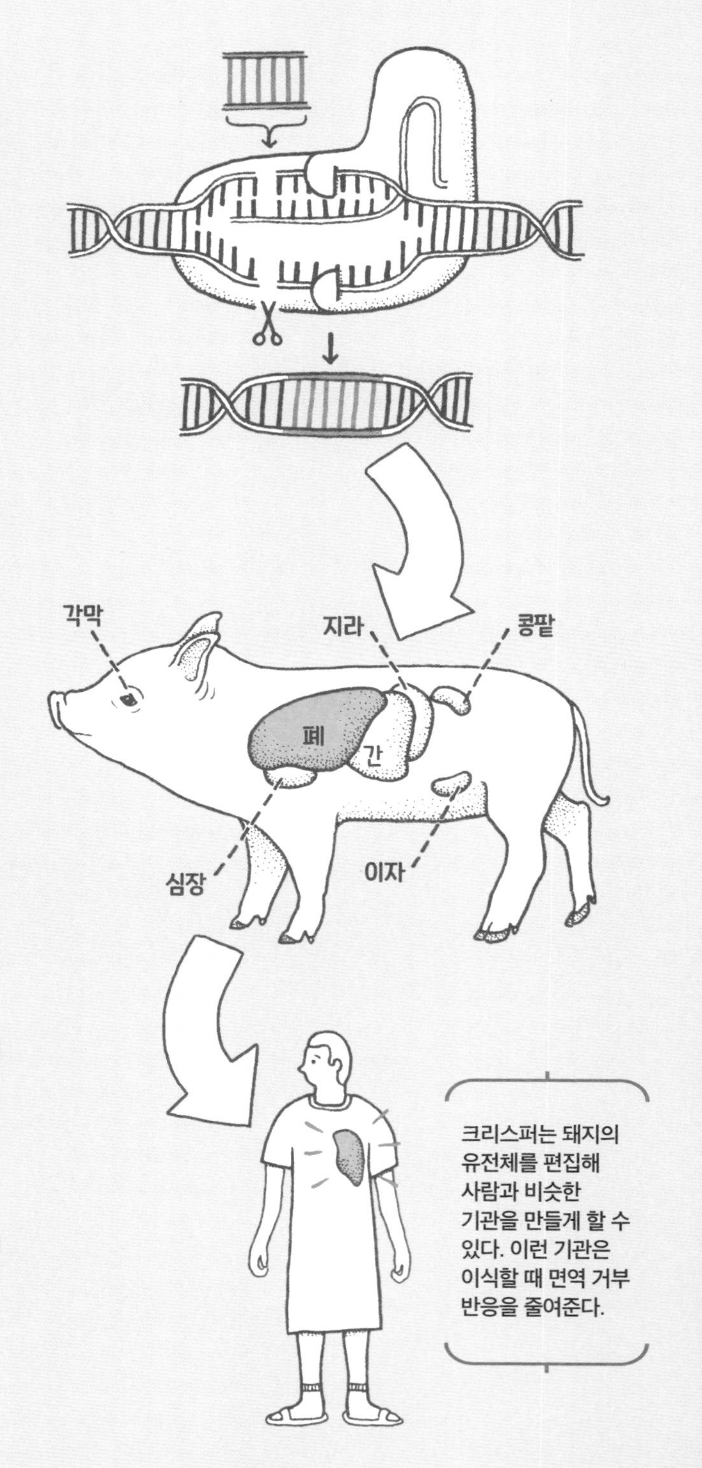

평생을 살아가는 동안 두세 사람 중 한 사람은 암에 걸린다. 북아메리카에서 암보다 더 많은 사망자를 낳는 사망 원인은 심장병뿐이다. 그런데 이런 종류의 연구를 진행해야 할 이유는 이것 말고도 또 있다.

첫째, 동물 모형은 암에 걸린 생쥐를 만드는 것 외에도 많은 일을 할 수 있다. 사람의 복잡한 질환을 연구하기 위해 과학자들은 우울증에 걸린 원숭이에서부터 비만증이 생기기 쉬운 토끼에 이르기까지 온갖 연구를 하고 있다. 크리스퍼는 심지어 동물에게 의약품을 만들게 하거나 돼지에게 사람의 장기를 만들게 할 수도 있다.

둘째, 크리스퍼-카스9를 사용해 면역 요법으로 암을 치료하려고 노력하는 과정에서 우리는 HIV(사람 면역 결핍 바이러스. 69쪽, '은밀한 공격' 참고)에 맞서는 강력한 신무기를 얻었다.

또, 세포 수용체의 유전자 편집을 통해 코로나바이러스 같은 바이러스가 사람 세포에 침입해 감염을 일으키지 못하게 할 수도 있다.

마지막으로, 크리스퍼로 유전자 발현을 제어하는 법에 대해 배운 것을 사용해 특정 세균을 물리치는 항생제를 만들 수 있다. 그러면 항생제 내성 문제(67쪽, '생물 무기 전쟁?' 참고)를 해결할 수 있다. 심지어 항생제가 필요 없는 일종의 B세포 백신을 만들 수도 있다.

은밀한 공격

사람 면역 결핍 바이러스(흔히 HIV라고 부르는)는 후천성 면역 결핍 증후군, 즉 에이즈AIDS를 일으킨다. 이 과정은 어떻게 일어날까? HIV가 T세포 중 한 종류인 CD4를 공격함으로써 그런 일이 일어난다. HIV는 자신을 T세포가 위협으로 여기지 않는 단백질로 위장해 CD4 T세포에 은밀하게 침입한다. 일단 HIV가 T세포 수용체(출입구)를 통해 T세포 속으로 잠입하는 데 성공하면, 자신의 DNA를 T세포의 유전체에 침투시켜 자신을 복제하게 만든다. 이렇게 해서 그 수가 크게 불어난 HIV는 결국에는 T세포 군대 전체를 몰살시킨다. 그렇게 되면 우리 몸은 다른 병원균의 감염에 대항할 수 없게 된다.

HIV의 침입을 막기 위해 크리스퍼-카스9는 T세포의 유전체를 편집해 HIV가 침입할 때 사용하는 수용체가 없는 T세포를 만들 수 있다. 출입구가 없으면 HIV가 침입할 수 없고, 에이즈도 발생하지 않는다.

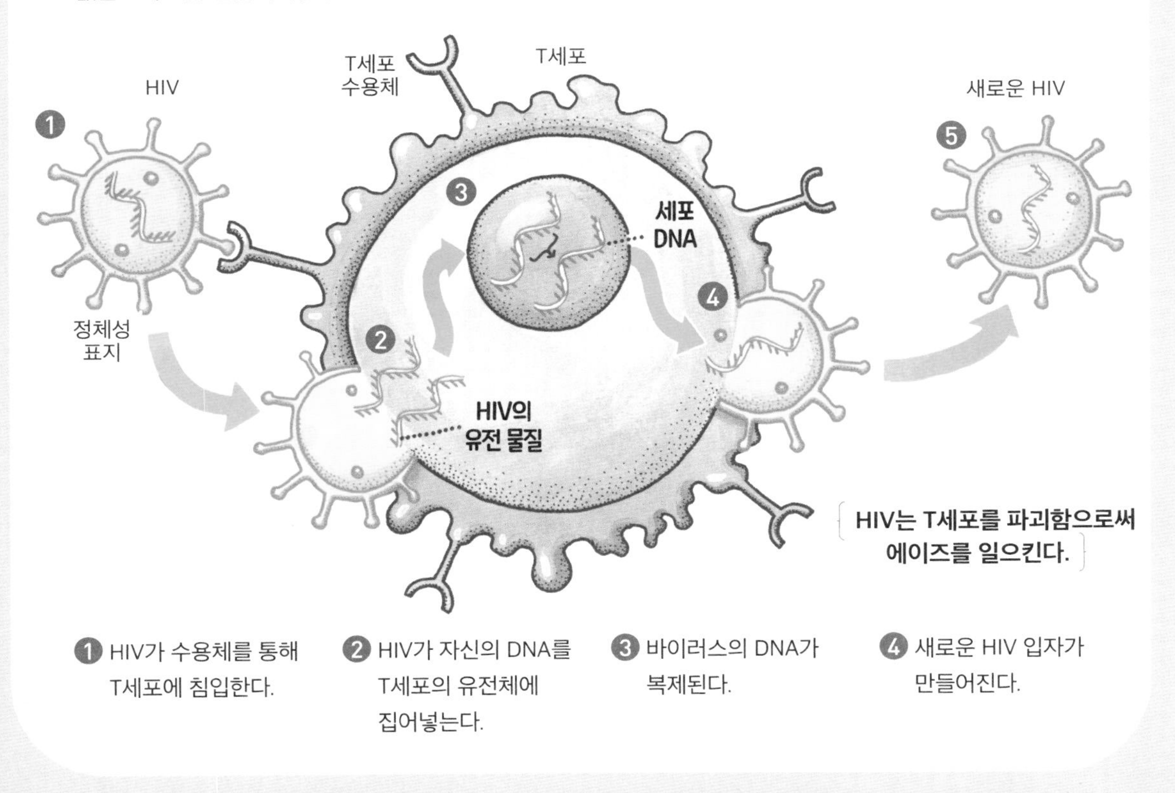

❶ HIV가 수용체를 통해 T세포에 침입한다.

❷ HIV가 자신의 DNA를 T세포의 유전체에 집어넣는다.

❸ 바이러스의 DNA가 복제된다.

❹ 새로운 HIV 입자가 만들어진다.

암을 치료하는 데 쓰기 전에 크리스퍼의 안전성과 효능을 확인할 필요가 있다

이 말은 이 치료법 중 어느 것이라도 사람에게 사용하기 전에 중요한 문제들을 해결해야 한다는 뜻이다. 3장에서 이야기했듯이, 크리스퍼-카스9가 실제로 엉뚱한 표적을 공격하거나 세포의 복구 체계가 저지르는 실수로 암을 일으킬 가능성이 있다. 여러 유전자를 동시에 편집할 때에는 이러한 위험이 증가한다. 이런 문제를 해결하는 것 외에 과학자들은 카스9 복합체를 더 안전하고 쉽게 세포에 집어넣는 방법도 연구하고 있다.
현재 카스9를 세포 속에 집어넣기 위해 가장 많이 사용하는 방법은 아주 오래된 적인 바이러스를 이용하는 것이다. 바이러스는 운반 도구로 쓰기에 아주 좋은데, 세포를 감염시키고 자신의 DNA를 숙주의 유전체에 집어넣는 방법에 의존해 살아가기 때문이다. 유전자 편집에 쓰이는 바이러스는 사람에게 질병을 일으키지 않는데, 그 유전자를 제거한 뒤에 벡터vector(운반체)로 만들기 때문이다.
하지만 바이러스 벡터는 아직까지는 여러 가지 단점이 있다. 소량의 DNA만 운반할 수 있고, 오랫동안 머물며, 면역 반응을 일으킬 수 있고, 때로는 그렇게 해서는 안 되는 장소에서 DNA에 간섭하기까지 한다.

이런 이유들 때문에 과학자들은 카스9를 표적 세포로 운반하는 새로운 방법을 연구하고 있다. 그 대안으로는 다음과 같은 것이 있다:

◆ **나노 입자**: 이것은 카스9를 아주 작은 짐 꾸러미로 만든 뒤, 지방 분자나 금 입자처럼 세포막 통로를 쉽게 통과하는 물질에 실어 세포 속으로 들여보내는 방법이다.
◆ **빛**: 이 방법 역시 나노 입자를 사용하지만, 이 나노 입자는 빛을 받아야 활성화되는 성질이 있다. 세포핵 속에 도착한 나노 입자는 세포에 빛을 쬐어주기 전까지는 카스9에 들러붙어 있다. 그러다가 빛을 쬐어주면, 카스9가 자유로운 상태가 되어 유전자를 편집하기 시작한다.
◆ **전기 충격**: 세포에 전기 충격을 가하면 세포의 감시가 느슨해져 카스9가 세포 속으로 들어갈 수 있다. 이 방법은 굳이 운반체를 쓰지 않아도 되는 이점이 있다.
◆ **미세 주입**: 이름 그대로 아주 미세한 바늘을 사용해 세포에 카스9를 집어넣는 방법이다. 미세 주입은 동물 모형을 만드는 데 자주 쓰인다. 식물의 경우, 유전자 총을 사용해 크리스퍼 체계를 직접 세포 속으로 집어넣을 수 있다.

최선의 운반체는 표적 세포의 종류에 따라, 그리고 표적 세포가 몸속에 있는지 몸 밖에 있는지에 따라 달라진다. 사람의 질병을 치료할 목적으로 크리스퍼를 사용할 때에는 카스9 꾸러미를 정확한 장소에 확실하게 보내는 것이 중요하다. 표적에서 벗어날 경우, 이 요법은 의도치 않은 결과를 초래할 수 있다. (예컨대 엉뚱한 면역 세포의 수용체를 제거하는 일이 일어날 수 있다.) 의사들은 세포 속으로 들어간 카스9를 제어하는 '킬 스위치'(4장 참고)가 있으면 이상적이라고 생각할 것이다. 그러면 잘못된 일이 일어나거나 카스9가 더 이상 필요 없을 때 그 작동을 쉽게 멈출 수 있다.

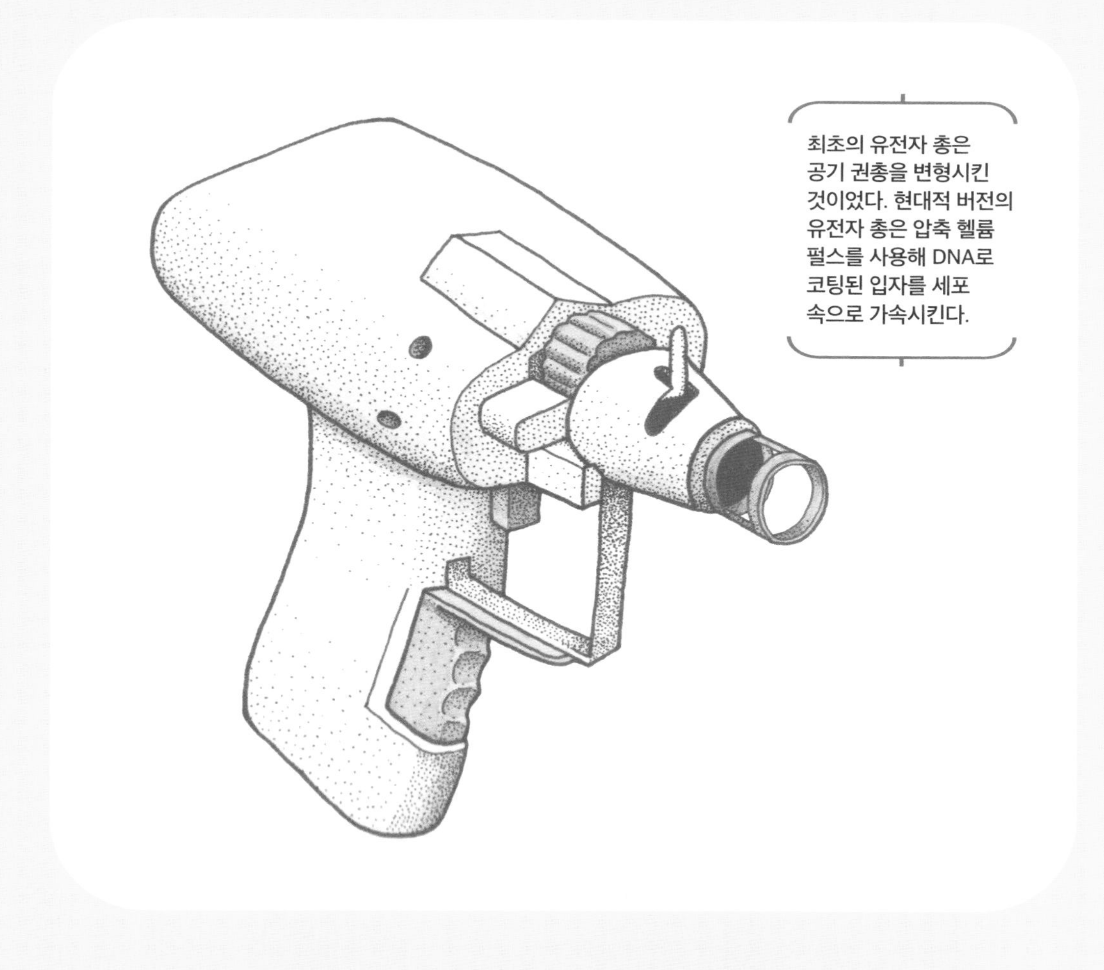

반대

연구자들은 크리스퍼-카스9가 치료하는 암보다 유발하는 암이 더 적다는 사실이 입증될 때까지 사람의 암을 치료하는 데 사용되지 않을 것이라고 자신한다

이러한 자신감이 꼭 순진한 생각에서 나온 것은 아니지만(정부 기관은 엄밀한 과학 연구 결과가 나오기 전에는 사용 승인을 내주지 않을 것이므로), 그래도 염려해야 할 이유가 있다.
살아 있는 생물을 사용해 의약품과 여러 가지 제품을 만드는 생명공학 회사들은 오늘날 주식 시장에서 주식 거래가 가장 활발하게 일어나는 회사들이다. 사실, 크리스퍼에 투자를 아주 많이 하여 회사 이름에 이 기술의 이름을 붙인 곳도 있다! 주식 거래가 가장 많이 일어나는 크리스퍼 회사 세 곳은 각자 크리스퍼 기술에 10억 달러 이상을 투자했지만, 모두 아직 연구 개발 단계에 있다.(다시 말해서, 아직 팔 수 있는 제품이 없다는 말이다.)
만약 이 회사들이 유전자 편집 제품을 시장에 내놓는 데 성공하지 못한다면, 그 기술로 더 큰 수익을 얻을 수 있는 용도를 찾으려고 하지 않을까? 구매자의 의도 따위에는 상관하지 않고 그저 가장 비싼 가격을 제시하는 사람에게 그 기술을 팔려고 하지 않을까? 미끄러운 비탈길에서 넘어져 눈사태에 휩쓸려갈 위험이 바로 여기에 있다.
미국 정보 당국은 유전자 편집이 대량 파괴 무기를 낳을 잠재성이 있다고 말한다. 가장 큰 걱정은 생물 무기(67쪽, '생물 무기 전쟁?' 참고)로 악용될 가능성이다.
유전공학으로 만든 슈퍼바이러스에서부터 특정 DNA 서열을 가진 사람을 표적으로 삼는 생물 무기에 이르기까지 그런 위험성이 실재한다. 많은 기술과 마찬가지로 크리스퍼는 좋은 쪽으로도 나쁜 쪽으로도 사용할 수 있다.
하지만 평범한 테러리스트도 사용할 수 있을 만큼 크리스퍼 기술이 아주 쉽고 값싸다는 주장은 지나친 과장이다. 과학적 배경 지식이 없는 사람이 이 기술을 활용해 나쁜 목적에 사용할 가능성은 희박하다. 하지만 평생을(그리고 재산까지) 유전자 편집에 바친 연구자라면 이야기가 다르다.
파산에 직면한 미치광이 과학자가 다음 번 세계 대전을 일으킬 수 있다는 두려움 외에 크리스퍼 기술이 생물의학 분야에서 일찍이 경험한 적이 없는 속도로 발전하고 있다는 것은 엄연한 사실이다. 규제 당국은 이 기술의 급속한 발전 속도를 따라잡기가 어렵다. 게다가 이들은 이 회사들의 제품이 성공하길 학수고대하는 주주들로부터 큰 압력을 받는다.
규제 당국이 맡은 일을 제대로 할 것이라고 어떻게 장담할 수 있는가? 그리고 만약 어떤 크리스퍼 치료법이 승인을 받는다면, 그것이 초래할 잠재적 이익과 해를 사람들에게 어떻게 알려야 할까?
모든 약은 부작용이 있다.(여러분은 어떤 약을 복용할 때 일어날 수 있는 일을 모두 열거한 TV 광고를 본 적이 있을 것이다.) 하지만 대부분의 약은 복용을 멈추면 부작용이 금방 사라진다. 하지만 크리스퍼-카스9의 경우에는 실수가 사람의 유전체로 들어간다. 그래서 그로 인한 변화가 영구적일 뿐만 아니라, 세포가 분열할 때마다 그 실수도 복제된다. 실로 섬뜩한 일이 아닐 수 없다.

BRCA

*BRCA1*과 *BRCA2*는 사람의 몸속에서 종양 억제 단백질을 만드는 유전자이다. DNA 손상을 복구하는 일을 하는데, 구체적으로는 방사선이나 환경 요인으로 이중 나선이 끊어진 부위를 복구한다. 이런 종류의 손상은 금방 복구하지 않으면, 결국에는 유전체가 산산이 찢어져 제대로 읽을 수 없는 과학 공책처럼 되고 만다.

종양 억제 유전자는 *BRCA1*과 *BRCA2*만 있는 게 아니다.(평생 동안 일어나는 다양한 종류의 손상에 대처하기 위해 세포는 복구 단백질이 많이 필요하다.) 유전성 암 발병 위험을 증가시키는 것과 관련이 있는 유전자는 몇 개밖에 없는데, 그중에 이 둘이 포함돼 있다.

*BRCA1*이나 *BRCA2* 유전자의 한쪽 카피에 일어난 돌연변이를 물려받는 사람은 세포에 당연히 있어야 할 종양 억제 단백질이 없다. 그렇다고 반드시 암에 걸리는 것은 아니다. 세포가 암세포로 변하려면 평생 동안 다른 돌연변이들이 더 축적되어야 한다. 하지만 이들은 유방암과 난소암에 걸릴 위험이 높다.

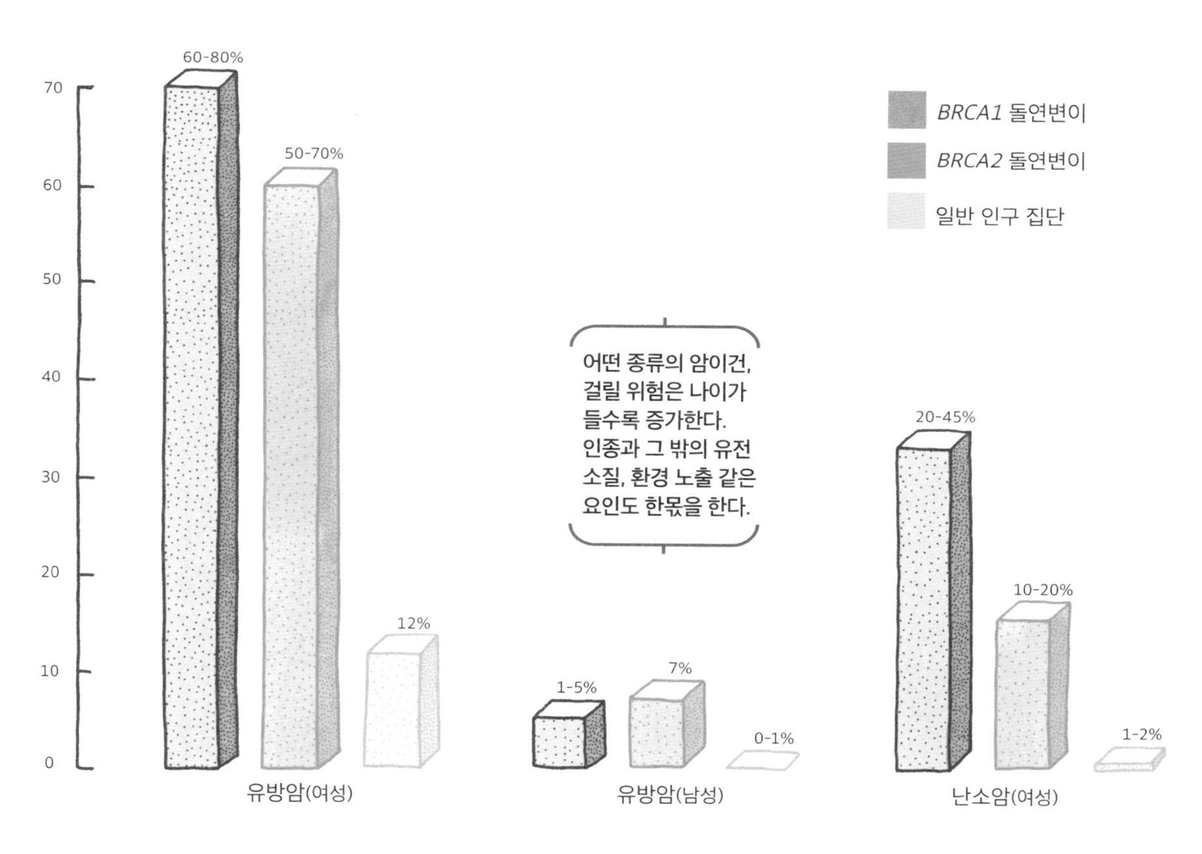

*BRCA1*이나 *BRCA2* 같은 단일 유전자의 돌연변이를 물려받은 것이 원인이 되어 발생하는 암은 전체 암 중에서 5% 미만이다. 하지만 가족 내에서 암이 많이 발생한다면(모든 세대에서 발병하고, 동일한 종류의 세포—예컨대 유방이나 창자—에서 시작하고, 이른 나이에 나타난다면), 유전 상담과 검사를 통해 개인의 위험 정도를 평가하는 데 도움을 받을 수 있다.

예리한 질문

동물 실험을 계속해야 할까?

지난 100년 동안 의학 분야에서 일어난 거의 모든 획기적 진전(백신과 의약품, 외과 수술 등) 뒤에는 동물 실험이 있었다. 어떤 사람들은 사람의 이익을 위해 동물에게 고통을 겪게 하는 동물 실험이 잔인하고 비도덕적이라고 주장한다. 다른 사람들은 사람의 고통을 예방하기 위해 꼭 필요하고 다른 방법이 없다면, 동물 실험을 받아들여야 한다고 주장한다.

여러분은 어떻게 생각하는가? 사람의 건강을 위해 크리스퍼 같은 기술을 개발하는 데 동물을 사용해야 할까?

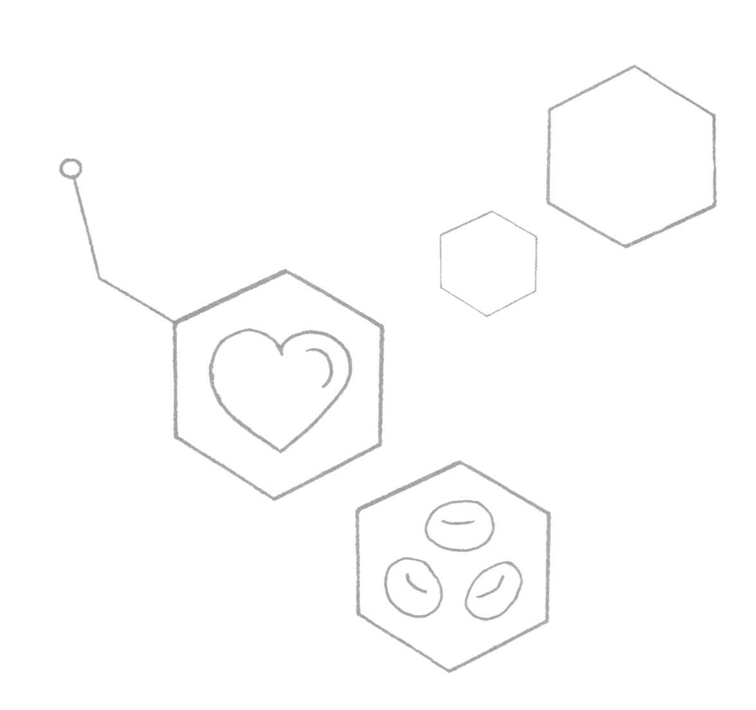

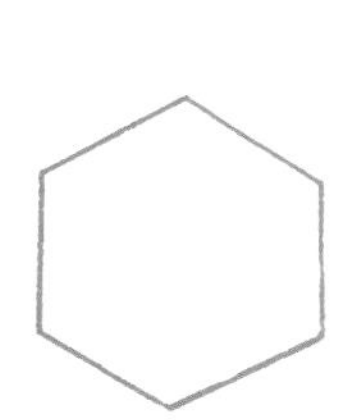

6

완벽한 **감자**

이제 질병에 관한 이야기에서 화제를 돌려 우리 입을 즐겁게 해주는 것에 관한 이야기를 해보자. 그것은 바로 식품이다! 하지만 방심하지 마라. 크리스퍼가 곧 여러분의 접시 위로 올라오려 하고 있기 때문이다! 이것은 유전자 편집을 활용하는 방법 중에서 실생활에 가장 먼저 적용될 가능성이 높다. 왜냐고? 우리가 먹는 식품 중에는 이미 유전자 변형 식품이 많기 때문이다. 유전자 변형 생물(흔히 GMO라고 부르는)에 대한 의견은 분분하지만(31쪽, '유전공학이란 대체 무엇일까?' 참고), GMO가 이미 우리의 먹이 사슬 중 일부가 되었다는 사실은 이론의 여지가 없다. 실제로 일부 추정에 따르면, 북아메리카의 식료품점에서 판매되는 가공 식품 중 최대 75%에 유전자 변형 성분이 들어있다고 한다. 그리고 세상에서 가장 많이 생산되는 작물(곡물, 콩, 목화를 포함) 중 90% 이상은 유전자 변형 식물이다.

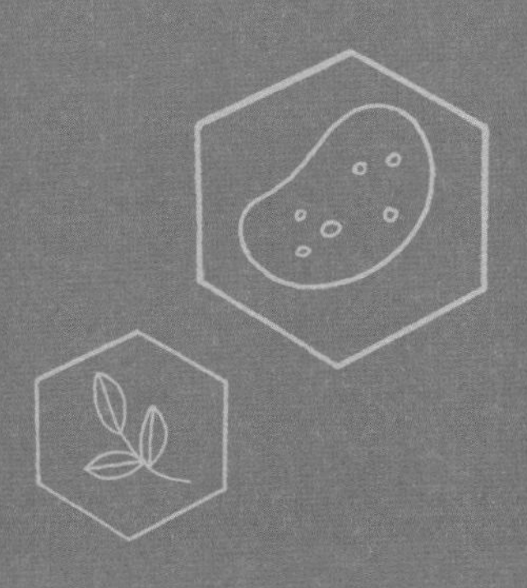

최상의 감자

현재 세계 각지의 과학자들은 정크푸드 팬에서부터 프랑스 요리 애호가에 이르기까지 모든 사람에게 중요한 작물에 유전자 편집 기술을 사용하고 있는데, 그 작물은 바로 감자이다. 감자는 재배하기 쉬운 것으로 알려져 있지만(그리고 전 세계 거의 모든 곳에서 재배되고 있다), 맛있는 이 덩이줄기를 대량으로 재배하는 것은 위험한 모험이다.

밭에서 자라는 감자는 늘 바이러스와 세균, 균류의 공격을 받는다. 연구자들은 수십 년 동안 감자의 유전체를 이리저리 만지작거리면서 온갖 병충해에 저항력을 가진 감자를 만들려고 애써왔다. 대개는 다른 종의 DNA 조각을 감자의 유전체에 집어넣어 형질 전환 생물을 만들려고 시도했다. 대신에 크리스퍼를 사용해 감자의 유전체에 있는 유전자 일부를 제거함으로써 그러한 저항력을 갖게 할 수 있을지도 모른다.

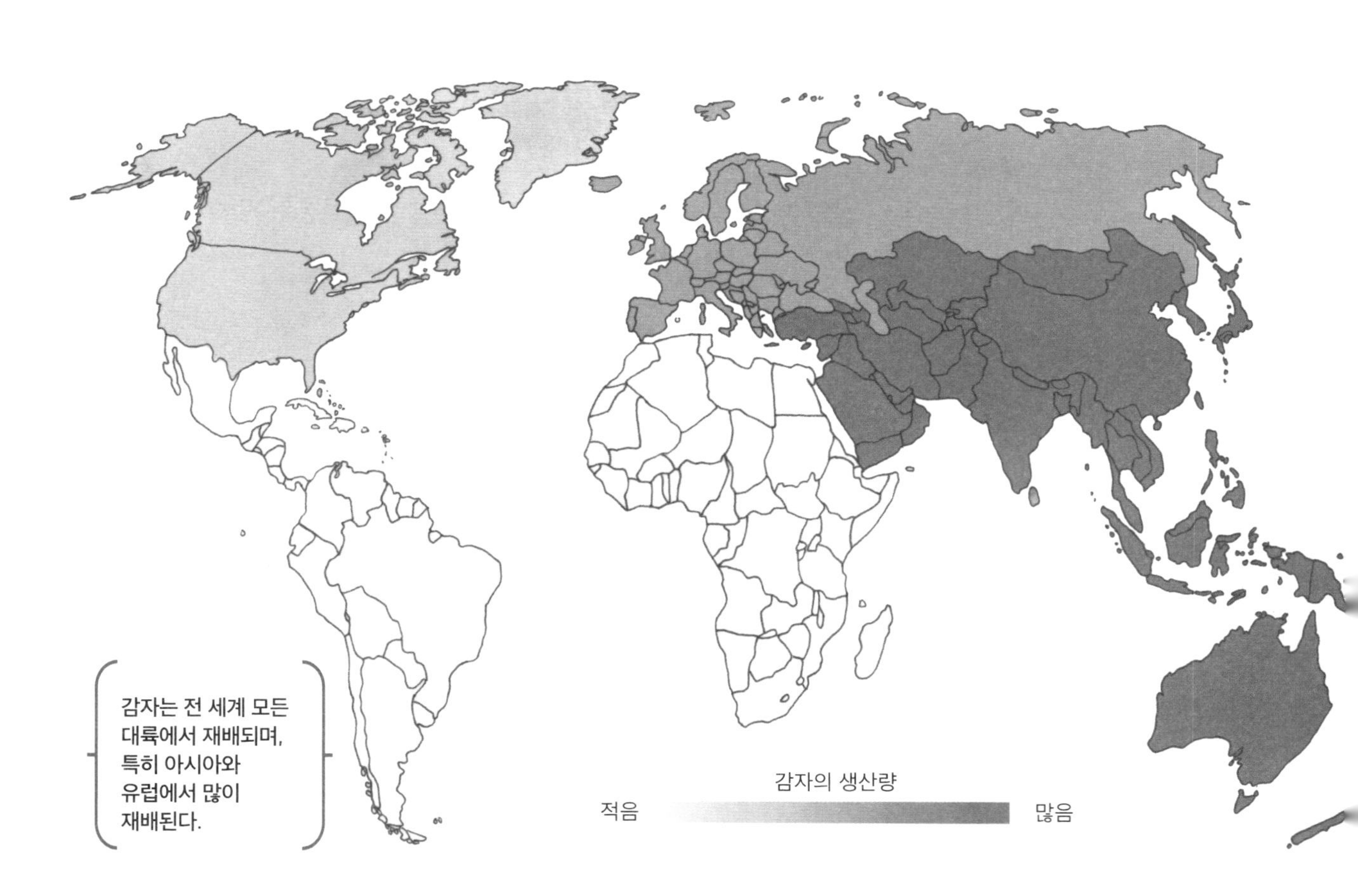

감자는 전 세계 모든 대륙에서 재배되며, 특히 아시아와 유럽에서 많이 재배된다.

이런 감자는 농부와 소비자 모두에게 큰 이익인데, 병충해에 강한 감자는 살충제 없이 재배할 수 있기 때문이다. 그러면 유럽과 북아메리카에서는 화학 약품 살포가 크게 줄어들거나 심지어 완전히 중단되어 사람과 환경 모두의 건강에 큰 도움이 될 것이다. 그리고 값비싼 살충제를 사용할 여유가 없는 나라들에서는 크리스퍼 감자가 기근을 방지해 많은 목숨을 살릴 수 있다.

크리스퍼는 수확한 감자를 보관하는 데에도 도움을 줄 수 있다. 감자를 소비지로 운송하거나 섭취하기 전에 상당히 오랫동안 보관하는 경우가 많다. 보관하는 동안 감자의 녹말이 자연히 당으로 변한다('저온 당화'라는 과정을 통해). 이것 자체는 큰 문제가 아니다(특히 단것을 좋아하는 사람에게는). 문제는 감자를 높은 온도에서 조리할 때 일어난다. 바삭바삭한 감자 칩이나 프렌치프라이를 만들려면 고온 조리가 필수 과정이다. 고온에서 당은 아크릴아마이드로 변하는데, 이 물질은 신경세포의 정상 기능을 방해하고 암을 일으킬 수 있다.

저온 당화가 일어날 때 감자의 녹말을 당으로 바꾸는 단일 유전자를 크리스퍼-카스9를 사용해 제거할 수 있다. 연구자들은 레인저 러셋 품종의 감자를 이렇게 처리했더니 아크릴아마이드가 70%나 줄어들었다고 보고했다. 게다가 이렇게 유전자를 편집한 감자는 칩으로 만들 때 갈색으로 변하지 않는데, 이것은 농부와 미식가 모두 반길 소식이다.

선택 교배 vs. 교잡

대다수 사람들은 식물이 어떻게 교배되는지에(심지어는 식물이 교배를 하는지 하지 않는지에도) 별로 큰 관심이 없다. 하지만 사람과 마찬가지로 식물도 자신의 유전 물질을 다음 세대로 전달해야 한다. 그런데 사람은 이 과정에 영향을 미칠 수 있는 방법을 발견했다. 선택 교배는 바람직한 형질을 바탕으로 다음 세대의 부모로 어떤 식물을 선택할지 결정하는 과정을 포함한다. (대다수 식물은 암컷과 수컷의 생식 기관이 한 그루에 함께 있기 때문에 부모 식물은 하나만으로도 충분하다.) 예를 들면, 수천 개의 덩이줄기 중에서 다른 것들보다 더 크거나 더 달거나 병충해에 더 강한 특성을 지닌 것을 선택해 다시 심는다. 이것은 다윈이 설명한 자연 선택(59쪽, '다윈과 자연 선택 이론' 참고)과 별반 다르지 않지만, 자연 대신에 사람이 선택을 한다. 사람에게 바람직한 형질이 반드시 그 동물이나 식물이 야생 자연에서 살아남는 데 도움이 되는 것은 아니다.

교잡은 유전적으로 관계가 먼 암수를 교배시켜 새로운 계통이나 품종을 만드는 과정이다. 멘델이 키가 큰 완두와 키가 작은 완두를 교배시킨 실험이 바로 이 교잡 과정이다. 예를 들면, 큰 감자 식물의 꽃가루를 질병에 강한 감자 식물의 꽃에 수분시켜 두 식물의 바람직한 특성을 모두 가진 슈퍼감자를 만들려고 시도할 수 있다.

더 안전한 감자?

저온에서 보관하지 않더라도 감자에는 솔라닌이 들어 있다. 이 천연 독소(곤충의 공격을 막는 기능을 하는)는 빛과 따뜻한 온도에 노출되면 증가하며, 그 결과로 껍질이 초록색을 띠게 된다. 그린치나 헐크와 놀랍도록 색이 비슷한 감자는 피하는 것이 좋다. 그런 감자를 먹었다간 심한 구토와 설사가 날 수 있다.

물론 초록색 감자는 식료품 가게에 도착하기 전에 대부분 버려지고, 사람들은 감자를 서늘하고 어두운 장소에 보관하는 법을 알며, 집에 도착한 뒤에 초록색으로 변한 감자들은 먹지 않고 버린다. 그런데 농부나 식품 제조업체나 소비자 모두가 애초에 독성을 지닌 감자를 염려할 필요가 없다면 더 좋지 않겠는가? 크리스퍼가 이 문제에 도움을 줄 수 있다. 솔라닌의 구성 성분 단백질을 만드는 유전자 *CYP88B1* 을 제거하도록 크리스퍼를 프로그래밍할 수 있다. 그렇게만 되면 초록색 감자는 먼 과거의 일이 되고, 감자를 먹거나 파는 사람에게 큰 이익이 될 것이다.

크리스퍼를 사용해 영양이 더 많거나 심지어 맛이 더 좋은 감자를 만들 수도 있다. 예를 들면, 감자는 녹말 함량이 아주 높아 저탄수화물 다이어트를 하는 사람들은 피하려고 하는 식품이다. 크리스퍼-카스9 체계를 사용해 감자의 녹말 함량을 낮추는 대신에 비타민 C와 B6, 마그네슘 같은 성분의 함량을 높일 수는 없을까? 분명히 어디선가 이 연구를 하는 과학자가 있을 것이다. 아마도 일부 감자 유전자의 발현을 높이는 반면 다른 유전자의 발현을 낮춤으로써 전 세계 소비자의 구미에 맞도록 감자 맛을 높일 수 있을 것이다.

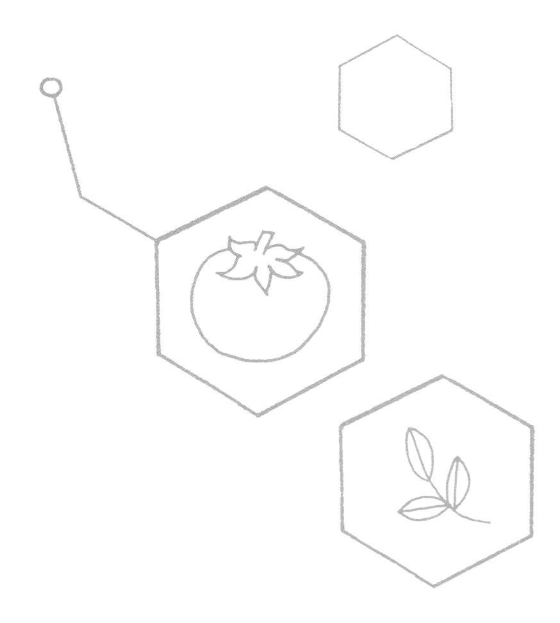

크리스퍼의 소유권은 누구에게?

크리스퍼처럼 소중한 기술의 경우, 그 '소유권'이 누구에게 있느냐(더 정확하게는 그것을 '발명'한 사람이 누구냐) 하는 것은 큰돈이 걸린 문제이다. 그 주인을 가리기 위한 재판에 수천만 달러가 들어갔지만, 아직 다툼은 끝나지 않았다.

이것은 두 주요 집단 사이에서 벌어진 헤비급 타이틀 매치라고 할 수 있다. 링 한쪽에는 버클리의 캘리포니아 대학교에서 일하는 제니퍼 다우드나Jennifer Doudna와 독일 베를린의 막스플랑크 감염생물학 연구소에서 일하는 에마뉘엘 샤르팡티에Emmanuelle Charpentier가 있다. 이 두 사람은 2012년 6월《사이언스》에 크리스퍼를 유전자 편집 도구로 변신시키는 방법을 최초로 기술한 과학 논문을 발표했다. 두 사람은 2015년에 300만 달러의 상금과 함께 생명과학 분야 혁신상을 받았고,《타임》은 두 사람을 세상에서 가장 영향력 있는 100인에 포함시켰다.(그리고 2020년에는 공동으로 노벨 화학상을 받았다.—옮긴이) 1년 뒤, 크리스퍼의 개척자들은《타임》이 선정하는 올해의 인물 후보에도 올라 아깝게 2위를 차지했다.(1위는 도널드 트럼프 대통령 당선인이었다.—옮긴이)

링 반대쪽에는 MIT와 하버드의 브로드연구소에서 일하는 중국 출신의 미국인 장펑张锋(영어명은 Feng Zhang)이 있다. 2013년 1월에 그의 연구팀은 생쥐와 사람 세포에서 유전자 편집이 효과가 있음을 입증한 연구 결과를 발표했다. 링 옆에는 장펑의 지도 교수였던 조지 처치George Church가 있는데, 장펑 연구팀이 연구 결과를 발표한 것과 같은 호의《사이언스》에서 자신의 연구팀도 크리스퍼를 기반으로 한 사람 세포 유전자 편집 기술을 독자적으로 개발했다고 보고했다.

이들은 모두 크리스퍼의 잠재력에 열광하여 각자 그 기술을 활용할 회사들을 세웠다. 그리고 두 연구팀은 연구 결과를 발표하기도 전에 특허부터 신청했다.

여기서부터 일이 아주 흥미진진하게(그리고 지저분하게) 흘러간다. 장펑은 자신의 특허 심사를 앞당겨달라고 웃돈을 지불했고, 그래서 미국에서 크리스퍼 기술에 대해 소중한 소유권을 먼저 인정받았다. 허를 찔린 캘리포니아 대학교 측은 다우드나와 샤르팡티에를 대신해 반격에 나섰는데, 장펑의 크리스퍼 연구는 두 사람의 발견을 바탕으로 조금 더 추가한 것에 불과하다고 주장했다.

두 집단 모두 특허권을 어느 정도 인정받을 가능성이 높지만, 악마는 디테일에 있다는 말이 있다. 이 경우에는 각자의 특허권 주장에 어떤 크리스퍼-카스9 기술이 사용되었는가 하는 것과 '세포'라는 단어가 포함되었느냐 여부가 관건이다.

일반인은 이들이 왜 싸우는지 영문을 몰라 머리를 긁적일 테지만, 크리스퍼를 연구하는 과학자들은 어떨까? 재판에서 누가 이기든지 간에 상관없이 모두 은행으로 달려갈 가능성이 높다.

아크릴아마이드도 솔라닌도 없고 녹말 함량이 낮은 데다가 천연 사워크림과 양파 맛이 나는 감자 이야기를 들으면 절로 군침이 돌 것이다. 혹은 해초와 참깨 맛이 나는 감자 칩에 더 구미가 당길지도 모른다. 이런 것이 절대로 만들어질 수 없다고는 아무도 장담하지 못한다. 이것 말고도 과일과 채소를 유전적으로 편집할 수 있는 방법은 아주 많다. 그중 몇 가지 가능성을 살펴보기로 하자:

- 알레르기 항원을 제거한 땅콩
- 복강병(글루텐에 민감한 사람에게 생기는 병)이 있는 사람도 문제없이 섭취할 수 있는 글루텐 함유 밀
- 잘라도 갈색으로 변하거나 흠이 나지 않는 버섯
- 물이 없어도 계속 자라는 곡물
- 우주에서 우주비행사들을 먹여 살릴 미니 토마토
- 유통 기한이 더 길고 더 달콤한 딸기
- 건강에 좋은 지방이 많고 트랜스 지방이 적은 콩기름
- 베타카로틴 함량이 높은 바나나와 고구마
  (베타카로틴은 우리 몸이 비타민 A를 만드는 데 쓰인다. 비타민 A는 면역계에 꼭 필요하지만, 가나를 비롯해 일부 아프리카 국민의 음식물에 부족한 경우가 많다.)

플레이버 세이버 토마토

플레이버 세이버 토마토를 들어본 적이 없는 사람도 있을 테지만, 이 토마토는 1990년대 중엽 전 세계의 뉴스에서 크게 다루어졌다. 미국에서 판매 승인이 난 최초의 GMO인 플레이버 세이버 토마토는 형질 전환 식품이다. 부패 과정에 관여하는 단백질의 자연적 생성 과정을 멈추게 하려고 외래 유전자를 그 유전체에 집어넣어 만든 토마토이다. 이 단백질을 없앤 토마토는 3주일이 지나도 싱싱함을 잃지 않았다. 이것은 농부와 식품 제조업체가 크게 환영할 일이었는데, 빨갛게 다 익었을 때 따더라도 식료품 가게까지 가는 긴 여행을 견뎌내고 맛을 잃지 않기 때문이었다.

하지만 소비자의 반응은 엇갈렸다. 플레이버 세이버 토마토는 비록 규제 당국의 지침을 다 충족시켰지만, 일부 사람들은 외래 유전자가 들어간 채소를 먹길 꺼려했다. 높은 생산비와 운송비(게다가 연구비까지) 때문에 가격이 보통 토마토보다 두 배나 비싼 것도 단점이었다. 그리고 광고와 달리 맛이 그렇게 뛰어나지도 않았다.(이 토마토를 만든 회사가 최고 품종의 토마토를 유전적으로 변형시키는 허락을 받지 못한 게 한 가지 원인이었다.)

시장에 나온 지 몇 년이 지나자, 플레이버 세이버 토마토는 진열대에서 사라졌다. 지금은 크리스퍼를 사용해 새로운 버전의 플레이버 세이버 토마토(훨씬 값싸고 아마도 맛도 훨씬 좋은)를 만들 수 있다. 하지만 대다수 생산업체들은 더 빨리 꽃이 피고 열매가 익는 토마토처럼 훨씬 나은 품종을 염두에 두고 있는 것처럼 보인다.

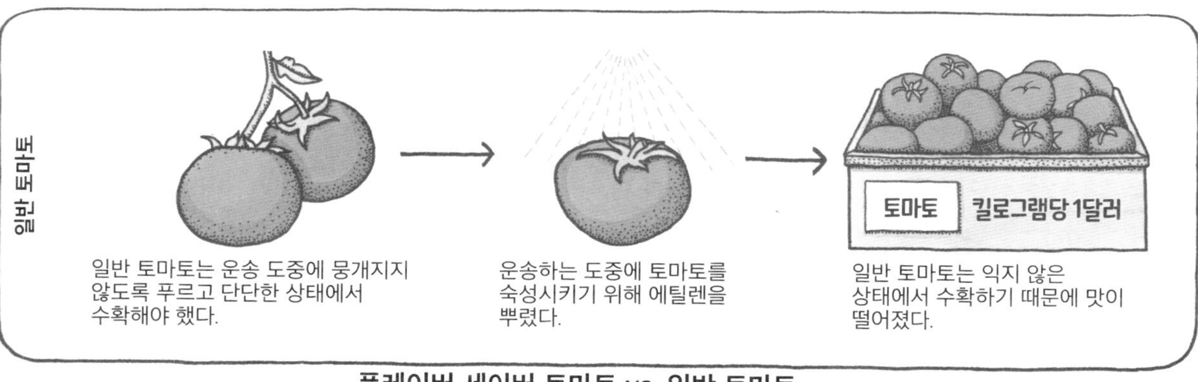

플레이버 세이버 토마토 vs. 일반 토마토

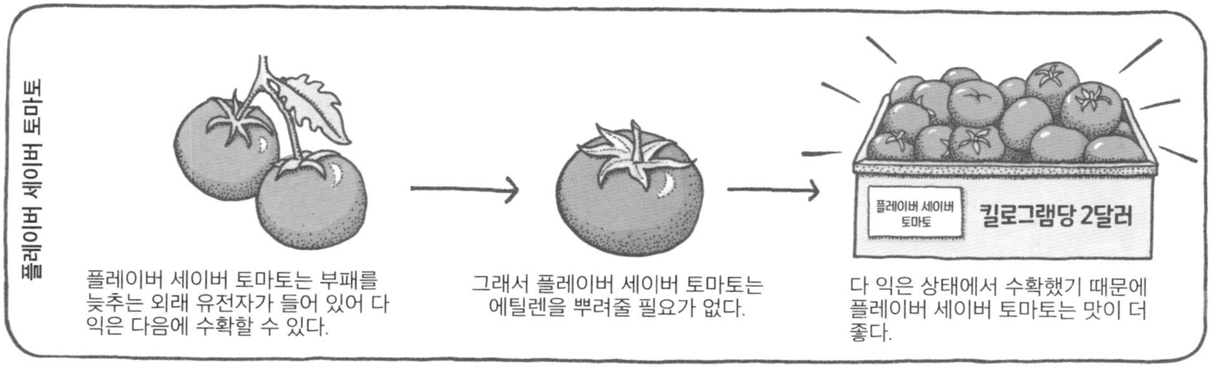

크리스퍼로 만든 식품은 불가피하게 GMO를 둘러싼 논란을 야기한다

이 문제는 이 장 끝의 '예리한 질문'에서 다룰 것이다. 여기서는 유전자 편집이 1990년대에 일반 소비용으로 승인된 최초의 GMO를 만든 기술보다 훨씬 정밀하다는 사실을 아는 게 중요하다.

크리스퍼-카스9 기술은 사용 설명서를 아무 페이지나 펼쳐 여분의 문자를 추가하는 것과는 차원이 다르다. 이것은 유전체 중 특정 지역을 정확하게 겨냥해 세포가 직접 자신의 유전자 암호를 바꾸게 하는 기술이다.

따라서 이 기술은 식물의 유전체에 다른 종의 DNA를 집어넣는 것이 아니다. 만약 카스9가 운반하는 주형이 다른 식물이나 동물의 유전자 암호를 복제한 것이라면, 이 기술은 일종의 유전자 변형 생물을 만드는 데 사용할 수 있지만, 그렇다 하더라도 다른 종의 DNA를 첨가하는 것은 아니다.

따라서 크리스퍼는 바람직한 형질을 얻기 위해 연관성이 먼 종의 유전자를 도입하는(우리의 사용 설명서에 새로운 장을 추가하는 것에 해당하는) 대신에 이미 있는 것에 미묘한 변화를 가져올 수 있다. 예를 들면, 토마토 유전체 내에 있는 비활성 유전자를 크리스퍼를 사용해 활성화시킴으로써 유전자 발현을 제어할 수 있다. 이 기술을 사용하면, 고추 유전체의 DNA를 집어넣지 않고도 자연적으로 매운맛이 나는 토마토(살사를 만들기에 적당한 상태로 수확할 수 있는)를 재배할 수 있다.

유럽연합(GMO를 반드시 라벨에 표시해야 한다고 법으로 정해져 있는)은 처음에는 유전자 편집 식물을 GMO와 마찬가지로 규제해야 한다고 결정했지만, 최근에 새로운 번식 방법에 대한 법을 완화하기 시작했다.

북아메리카에서는 다른 종의 DNA를 포함하지 않은 유전자 편집 작물에 GMO에 요구하는 것과 같은 수준의 엄격한 규제와 시험을 요구하지 않는다. 일본은 추가 안전 평가 없이 유전자 편집 식품의 판매를 허용한다.

헷갈리는가? GMO에 관련된 모든 문제와 마찬가지로 이것 역시 그렇다. 이런 이유 때문에 소비자가 정확한 정보를 바탕으로 자신이 먹는 식품이 어떤 것인지 올바른 판단을 내릴 수 있도록 대중 교육이 필요하다.

	크리스퍼 유전자 편집	유전자 변형 생물
DNA의 기원	 식물 자체의 DNA를 변화시키거나 제거한다.	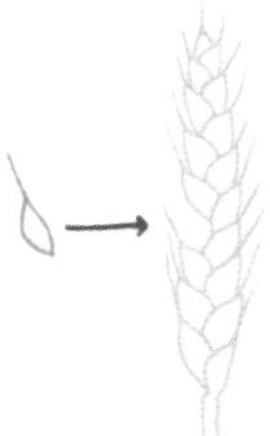 필요한 유전자를 다른 종에서 채취하거나 인공적으로 만든다.
DNA의 위치	 유전체 내의 특정 장소에 있는 DNA를 변화시킨다.	 유전체 내에서 임의의 장소에 DNA 변화를 집어넣는다.
동일성 여부	 변형된 식물은 원래 식물과 동일하다.	 변형된 식물은 원래 식물과 구별된다.
규제	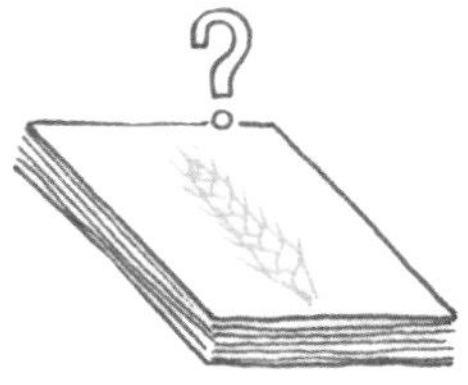 현재 미국에서는 자연적 과정을 모방한 절차를 규제하지 않는다.	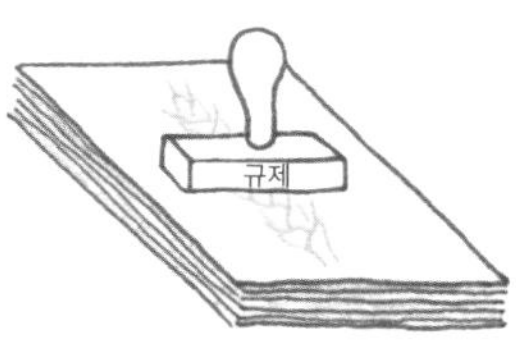 EPA(환경보호국), FDA(식품의약국), USDA(미국 농업부)는 GMO를 엄격하게 규제한다.

반대

식품을 어떻게 부르거나 정의하거나 간에, 많은 사람들은 실험실에서 식품을 만들어서는 안 된다고 생각하며, 유전적으로 변형이 일어난 식품의 섭취를 우려한다

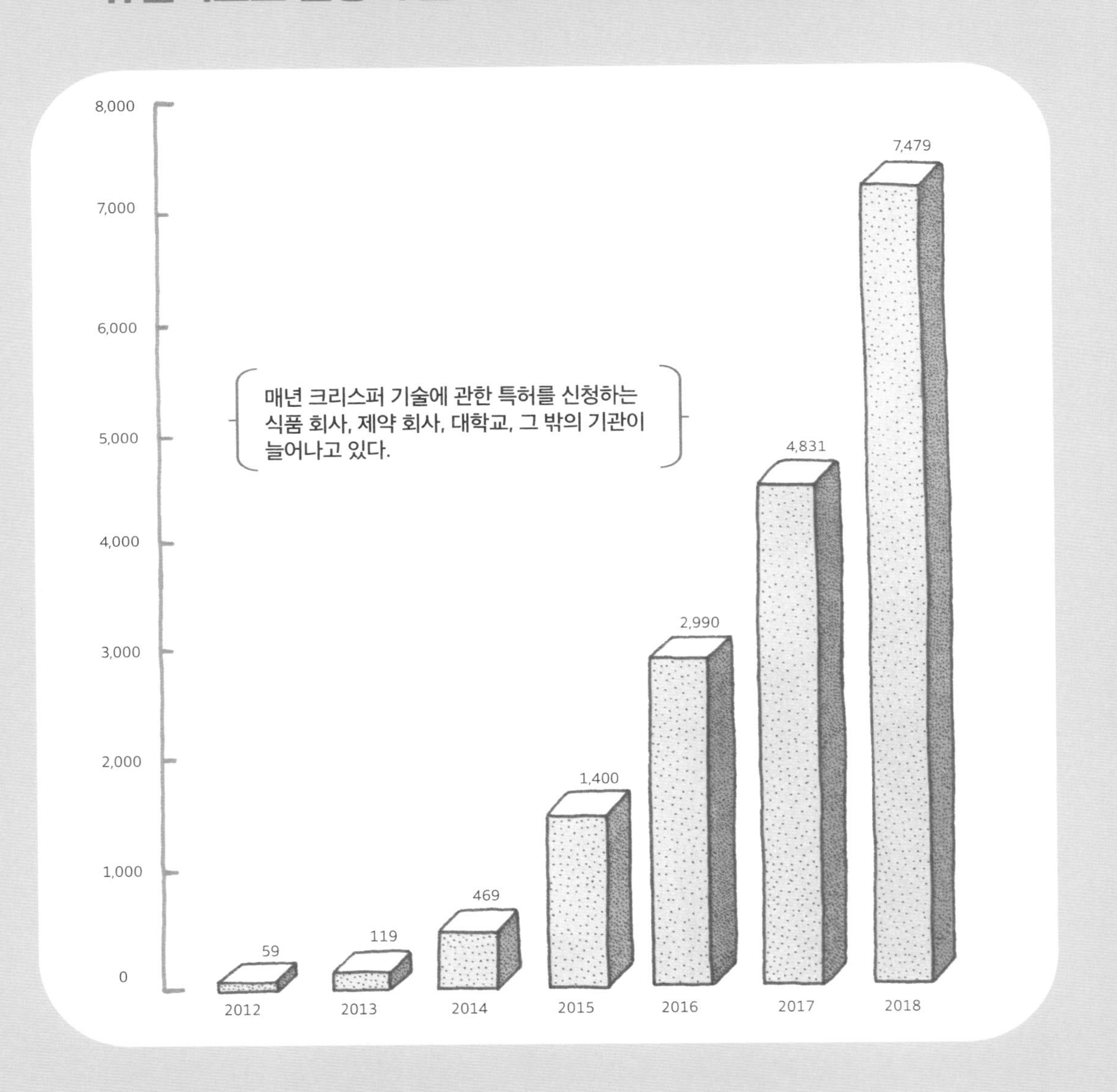

이들은 이런 식품을 생산하는 회사들의 동기를 의심하며, 긍정적 차이를 만드는 것보다 돈을 버는 것이 더 큰 목적이 아닐까 생각한다.
이것은 합당한 질문이다. 생명공학 기술과 마찬가지로 유전자 편집 작물을 발견하고 연구하고 개발하는 데 투자된 돈은 수백만 달러가 넘는다. 그리고 큰돈의 투자 뒤에는 항상 거대 기업들이 있다. 이윤을 추구하는 많은 회사들은 제품 생산을 위한 크리스퍼-카스9 기술의 사용 권리를 얻기 위해 대학교와 그 밖의 기술 개발업체와 계약을 맺었다. 이런 기술의 소유권을 놓고 치열한 법적 다툼(79쪽, '크리스퍼의 소유권은 누구에게?' 참고)이 벌어지고 있다. 크리스퍼 특허 신청 건수는 2008년에 11건이던 것이 2018년에는 7479건으로(불과 10년 만에 무려 680배나 증가한 수치) 크게 늘어났다. 그만큼 서로 다른 크리스퍼 기술의 소유권을 놓고 많은 사람들이 권리를 주장하고 있는 셈이다.
거대 다국적 기업들의 입장에서는 사회가 유전자 편집 식품을 받아들일지 여부에 아주 많은 것이 걸려 있다. 이것은 진실을 확인할 책임이 우리에게 있다는 뜻이다. 즉 구매자에게 제품의 하자 여부를 확인해야 할 부담을 떠안기는 셈이다.
크리스퍼가 식품에 제공한다는 경이로운 혜택 이야기를 들을 때, 우리는 중요한 질문을 몇 가지 던져야 한다—그것은 정말로 개선일까? 여기서 이익을 얻는 사람은 누구일까? 농부일까? 소비자일까? 농업 관련 기업일까? 지속 가능한 영농 체계일까? 산업형 농업일까?
예를 들어 '해충이 없는 식품'은, 슈퍼마켓에 내걸기에 아주 좋은 슬로건일 수 있다(여러분의 샐러드에 들어가는 식품이라면 특히). 하지만 이것은 도대체 무슨 뜻일까? 이것은 특정 화학 물질에 내성을 지니도록 유전자를 변형시킨 곡물을 가리키는 것일까? 그래서 잡초를 제거하기 위해 제초제를 마음대로 쓰더라도 그 곡물은 죽지 않고 살아남는다는 뜻일까? 아니면 특정 질병에 내성을 가지도록 유전자를 편집한 과일을 가리킬까? 그 변화 덕분에 그 기술을 개발한 회사는 종자와 제초제 판매로 큰돈을 벌 수 있다. 혹은 원형 반점 바이러스로부터 전체 파파야 산업을 구할(이 역시 아주 큰돈을 벌어다줄) 잠재력을 지닌 것일 수도 있다.
유전자 편집 식품에서 이익을 얻는 사람이 누구인지 파악하는 것보다 더 중요한 문제는, 이 기술이 공언한 약속을 과연 지키느냐 하는 것이다. 제초제에 내성을 지닌 작물은 정말로 유독한 화학 물질의 사용을 줄이는 데 도움이 될까? 제초제에 내성이 생기는 잡초에는 어떻게 대응해야 할까? 한 질병에 내성을 가진 작물이 다른 질병에 맞닥뜨리면 어떤 일이 일어날까?
이 모든 경우에 유전자 편집 작물이 전체 생태계에 어떤 영향을 미치는지도 고려해야 하며, 장기간에 걸쳐 환경에 미치는 영향도 예측하려고 노력해야 한다. 이것은 결코 쉬운 일이 아니다! 하지만 크리스퍼 기술로 만든 샐러드를 안전하게(그리고 마음 편하게) 주문하려면, 그전에 반드시 해야만 하는 일이다.

전 세계에서 250개가 넘는 과학 기술 기관이 유전자 변형 작물의 안전을 보장한다

그중에는 미국국립과학원, 유럽식품안전청, 유럽위원회, 캐나다연방보건부, 미국의학협회, 미국식품의약국, 유엔식량농업기구, 세계과학학술원, 세계보건기구도 포함돼 있다. GMO가 처음 시장에 출시된 이후에 일어난 과학 연구에 바탕한 이들의 의견에 따르면, 유전자 변형 작물이 우리에게 끼치는 위험은 전통적인 품종 개량 기술로 개발한 작물보다 크지 않다.
이것은 작물 재배에 크리스퍼-카스9를 사용하는 데 찬성하는 또 다른 주장으로 이어진다. 그것은 크리스퍼 기술로 만드는 작물이 선택 교배와 교잡(77쪽, '선택 교배 vs. 교잡' 참고)을 통해 수백 년 동안 만들어온 작물과 별반 다르지 않다는 주장이다. 다만 지금은 더 짧은 시간에 그 일을 해낸다. 그런데 시간은 기후 변화와 세계 인구의 급속한 팽창 같은 상황에 적응하도록 작물을 편집하려고 할 때 고려해야 할 주요 요소이다.
지금 현재 세계 인구는 75억 명이 넘으며, 1분마다 500만 kg의 식량을 먹어치우고 있다. 세계 인구는 2050년에 약 100억 명으로 늘어날 것으로 예상되며, 그러면 현재 생산되는 것보다 70%나 더 많은 식량이 필요할 것이다. 게다가 앞으로 식량 생산에 큰 영향을 미칠 기상 이변이 더 많이 일어날 것으로 보인다.

농업 부문의 발전은 우리가 종으로서 발전하는 속도와 항상 보조를 맞추며 일어났다. 1950년대와 1960년대의 녹색 혁명('제3의 농업 혁명'이라고도 부르는) 동안 다수확 품종 개발, 비료 사용 증가, 관개 방법 개선 등을 통해 전 세계 식량 생산량이 크게 늘어났다.
우리의 장기적 생존을 위해서는 지금 유전자 편집을 통해 작물을 가뭄이나 냉해에 잘 견디거나 영양을 더 많이 함유하도록 만드는 것(제4의 농업 혁명?)이 필요할지 모른다. 모든 사람이 크리스퍼 기술의 혜택을 누릴 수 있다면, 크리스퍼 기술은 전 세계 사람들을 먹여 살리는 데 도움이 될 뿐만 아니라, 개발도상국 주민들에게 큰 이익이 될 것이다(녹색 혁명만큼, 아니 어쩌면 그보다 더).

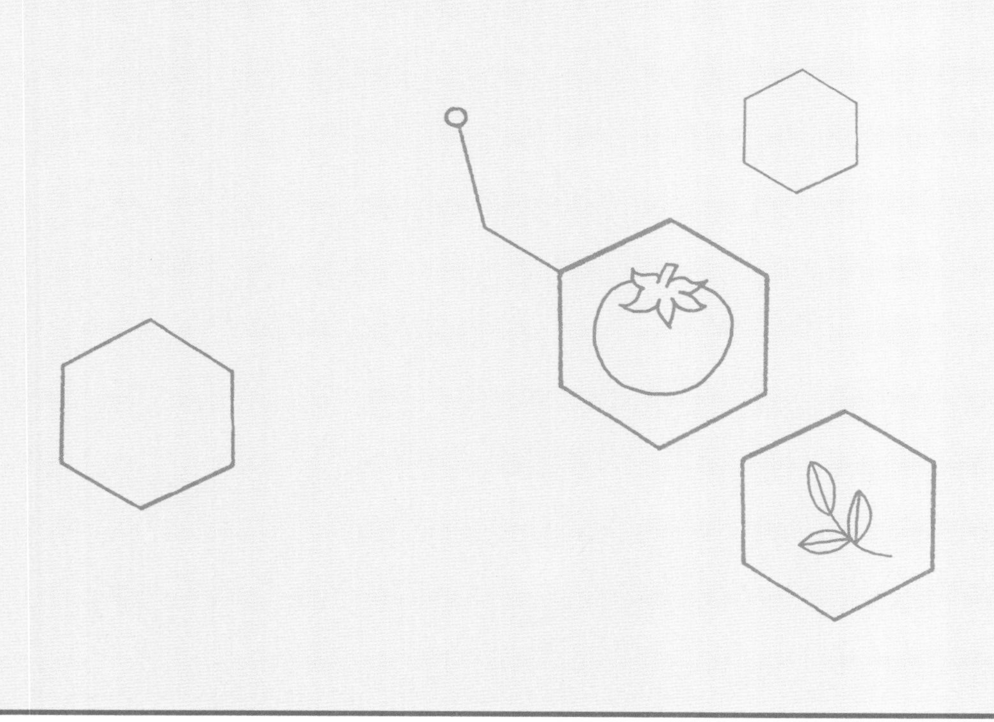

예리한 질문

GMO를 허용해야 할까, 금지해야 할까?

GMO의 판매 허용은 첨예한 의견 대립을 낳았고, 그 논쟁은 지금까지도 계속되고 있다. GMO를 반대하는 사람들은 GMO가 우리의 건강을 해칠 수 있다고 염려한다. 이들은 GMO 식품은 라벨에 GMO임을 명시하는 문구를 넣어야 한다고 로비를 했고, 일부 사람들은 심지어 GMO 식품을 프랑켄푸드Frankenfood (프랑켄슈타인과 푸드의 합성어)라고 부르기까지 했다. GMO에 반대하는 사람들은 거대 농업 산업을 지원하는 대신에 더 자연스러운(혹은 유기적인) 식량 생산 방법으로 되돌아가야 한다고 생각한다.

GMO에 찬성하는 사람들은 GMO 식품이 다른 식품보다 안전 시험을 더 많이 통과했다고 주장한다. 이들은 그릇된 정보를 퍼뜨리고 거대 기업에 대한 대중의 불신에 편승해 목소리를 높이는 소수의 사람들 때문에 GMO가 선의의 피해자가 되었다고 생각한다. 이들은 또한 유기농 생산에 의존해 살아갈 수 있는 사람들은 소수의 특권층뿐이며, 유전공학 기술의 도움이 없이는 증가하는 세계 인구를 먹여 살릴 수 없다고 주장한다.

여러분은 어떻게 생각하는가? GMO에 대한 여러분의 의견은 무엇인가?

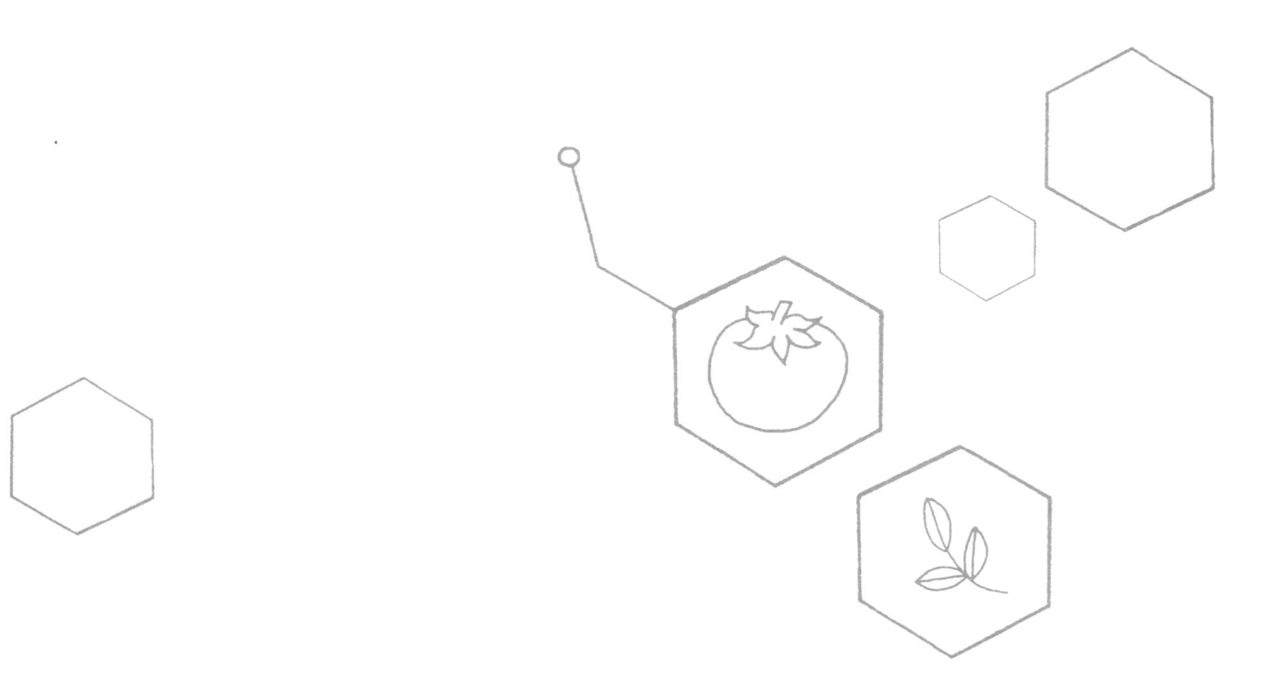

건강한 **가축**

작물에 대해 알아보았으니, 이제 농업의 또 다른 축인 축산업을 살펴보자. 유전자 편집을 사용해 사람의 소비에 더 알맞도록 동물을 변화시킬 수 있을까? 닭에게 알레르기 항원이 없는 달걀을 낳도록 할 수 있을까? 소가 필요 없는 소고기를 만들 수 있을까? 그 답은 '그렇다'이다. 하지만 식품과학자들이 가축 생산에 적용하는 크리스퍼 기술의 종류가 얼마나 많은지 알면 여러분은 깜짝 놀랄 것이다.

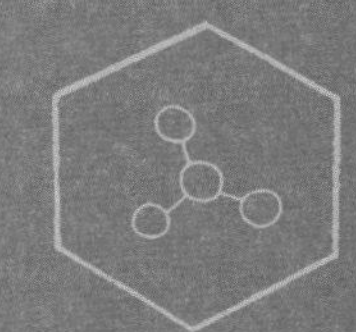

동물 복지

유전자 편집은 동물의 삶을 개선하는 데 쓰일 수도 있다. 예를 들어 젖소를 생각해보자. 젖소는 대부분 뿔을 갖고 있다. 그건 멋진 게 아니냐고 생각할 수 있지만, 꼭 그렇진 않다. 뿔은 젖소에게 인기 있는 장식품일 수 있지만, 외양간에서는 위험한 흉기가 될 수 있다. 농부에게뿐만 아니라 다른 젖소에게도 위험하다. 이런 이유 때문에 젖소는 대부분 송아지 시절에 뿔이 잘린다. 이것은 농부에게는 적잖은 비용이 들고, 젖소에게는 고통스럽고 스트레스가 심한 과정이다.

그런데 젖소의 뿔은 *polled*라는 단일 유전자가 좌우하는 형질이다. *polled* 유전자는 두 가지 버전이 있다. 소문자 *p* 버전은 뿔을 만들지만, 대문자 *P* 버전은 뿔을 만들지 않는다. *P*는 *p*에 비해 우성이어서 두 유전자가 함께 유전될 경우, *P*의 형질이 발현된다 (38쪽, '유전이 일어나는 방식' 참고). 암컷 육우 사이에서는 *P* 버전이 더 많지만(즉 뿔이 없는 소가 더 많다), 젖소 사이에서는 *p* 버전이 더 흔하다(즉 뿔이 난 소가 더 많다).

젖소의 생식세포(42쪽, '다음 세대로 전달되는 생식 계열 세포' 참고)나 배아를 대상으로 과학자들은 다른 핵산 분해 효소(90쪽 참고)를 가지고 유전자 편집 기술을 사용해 *p* 버전을 *P* 버전으로 바꾸었다. 결과는 어땠을까? 다음 세대에는 뿔이 없는 젖소가 태어났고, 이 젖소들은 그 형질을 후손에게 전달했다. 이제 뿔이 나지 않으니, 더 이상 고통스럽게 뿔을 자를 필요도 없고, 그 과정에서 누가 다칠 일도 없다.

이 성공에 힘입어 이제 이와 비슷한 다른 곳에도 크리스퍼 기술을 사용하려는 시도가 일어나고 있다. 예를 들면, 꼬리 없는 돼지를 만들 수 있다. 뿔 없는 젖소처럼 꼬리 없는 돼지도 동물 복지에 도움이 되는 시도가 될 수 있다. 돼지의 꼬리는 다른 돼지들이 물지 않도록 태어나자마자 자르는 것이 보통이기 때문이다.

축산 분야에서 크리스퍼를 활용할 수 있는 곳은 그 밖에 또 어떤 것이 있을까? 농부들은 수컷보다 암컷을 선호하는(혹은 상황에 따라 그 반대인 경우도 있지만) 경향이 있기 때문에, 크리스퍼를 사용해 '원치 않는 성별'의 동물 수를 제한할 수 있다. 지금은 원치 않는 성별의 동물은 태어난 직후에 죽이거나 거세를 하는 것이 보통이다. 예를 들면, 크리스퍼는 다음과 같은 도움을 줄 수 있다:

- **양계장에서 암탉이 많이 태어나게 할 수 있다(수탉은 달걀을 낳지 않으므로).**
- **육우를 사육하는 농장에서 수소가 많이 태어나게 할 수 있다(수소의 고기 생산량이 더 많으므로).**
- **소젖을 짜는 농장에서 암소가 많이 태어나게 할 수 있다(수소는 젖이 나오지 않으므로).**
- **돼지를 사육하는 농장에서 암퇘지가 많이 태어나게 할 수 있다(수퇘지는 사춘기를 지날 때 이상한 냄새가 나므로).**

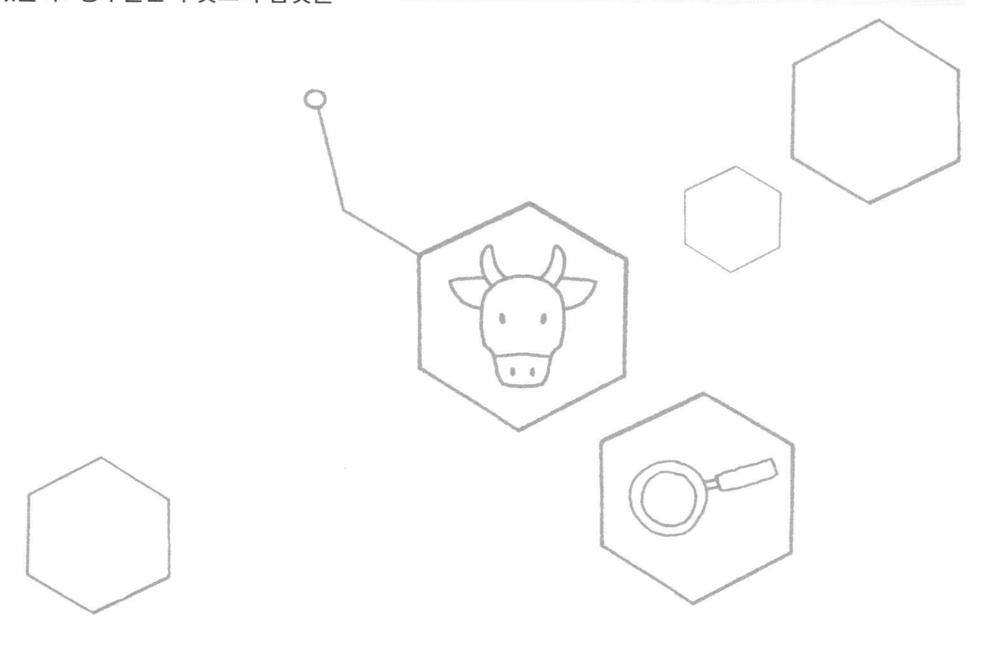

더 좋은 소고기

유전자 편집은 가축의 불필요한 고통을 덜어줄 수 있지만, 고기나 달걀의 품질을 높이는 데에도 도움을 줄 수 있다.

뿔이 있는 소도 있고 뿔이 없는 소도 있는 것처럼, 소는 품종에 따라 근육량에 차이가 있다. 이러한 차이 중 일부는 *MSTN* 유전자와 관련이 있다. 이 유전자가 만드는 단백질인 마이오스타틴은 근육세포의 분열을 멈추게 한다. 소와 개, 심지어 사람도 이 과정을 통해 근육 성장이 멈춘다.

인기 있는 소 품종인 벨지언 블루와 피에몬테세는 마이오스타틴 유전자의 변이 때문에 다른 품종보다 근육량이 20%나 더 많다. 근육량이 많으면 고기의 양도 많기 때문에, 연구자들은 크리스퍼를 사용해 다른 품종에서도 *MSTN* 유전자를 제거할 수 있는지 연구하기 시작했다.

귀찮게 *MSTN* 유전자를 편집하는 대신에 그냥 벨지언 블루에게서 고기를 얻으면 되지 않을까? 목장에서 어떤 종류의 소를 기를지 결정할 때에는 고기 말고도 고려해야 할 사항이 많다. 예를 들면, 앵거스라는 품종은 더운 기후에서 잘 살지 못한다. 기온이 올라가면, 이 품종은 먹이를 먹지 않는데, 비프 스테이크를 즐기는 사람들에겐 반갑지 않은 일이다.

인도혹소라고도 부르는 제부Zebu는 열대 환경에서 잘 살아가기 때문에, 브라질 목축업자들은 제부를 많이 기른다. 문제는 제부의 고기가 질겨 앵거스 스테이크만큼 육질이 좋지 않다는 점이다. 이런 이유 때문에 과학자들은 유전자 편집으로 더위에 잘 견디는 앵거스 소를 만들려고 시도하고 있다.

더운 기후에서 기르는 소는 또 다른 위험이 있는데, 그것은 바로 질병이다. 작물과 마찬가지로 가축도 유전자 편집을 통해 감염에 강한 저항력을 갖도록 만들 수 있다. 지금까지 이 연구는 결핵에 내성을 지닌 소, 조류독감에 내성을 지닌 닭(93쪽, '동물도 독감에 걸린다' 참고), 아프리카돼지열병에 내성을 지닌 돼지를 만드는 데 중점을 두어 진행되었다. 매년 전 세계에서 질병 때문에 잃는 동물 단백질이 약 20%나 되기 때문에, 크리스퍼는 목축업자들에게 큰 이익을 가져다주고, 백신과 의약품에 드는 돈도 절약해줄 것이다.

동물도 독감에 걸린다

동물도 독감에 걸릴 뿐만 아니라, 사람과 똑같은 독감에 걸린다. A형 독감 바이러스는 조류독감과 돼지독감뿐만 아니라 사람에게도 독감(인후염, 콧물, 고열, 피로 등의 증상을 동반하는 질병)을 일으킨다. 야생 조류는 조류독감에 걸려도 대개는 별다른 증상이 나타나지 않는다. 하지만 야생 조류는 닭이나 오리, 칠면조 같은 가금에게 바이러스를 옮길 수 있고, 그러면 이 바이러스가 농장에서 아주 빨리 퍼진다. 이것은 아주 큰 문제인데, 야생 조류와 달리 농장에서 기르는 가금은 조류독감 증상이 아주 심각하게 나타나기 때문이다. 일단 번지기 시작한 조류독감의 확산을 막는 방법은 발생 지역의 가금을 감염 여부와 상관없이 모조리 죽이는 것밖에 없다.

조류독감이 최초로 보고된 사례는 1878년에 이탈리아에서 일어났지만, 갈수록 발생 빈도가 점점 증가하고 있다. 일부 원인은 현대적 농업 방식과 새로운 바이러스 변종의 출현에 있다. (바이러스에 돌연변이가 일어나면 새로운 '변종'이 생겨난다.)

2015년에 미국에서 조류독감이 창궐했을 때, 한 달 동안 4950만 마리의 닭과 칠면조를 살처분했는데, 이 때문에 농부와 달걀과 가금 도매업자, 식품 회사가 입은 손실은 33억 달러나 되었다. 많은 가금은 생명을 잃었고, 많은 사람은 생계를 잃었다. 그래서 조류독감을 예방하고 치료하는 방법을 찾기 위해 많은 연구(크리스퍼를 포함해)가 진행되고 있다.

마이오스타틴 유전자를 제거한 동물은 소 말고도 여러 종이 있다. 그중에는 실험실 생쥐(연구 목적으로), 양과 돼지와 염소 같은 가축(더 나은 고기를 생산하기 위해), 개(8장 참고)가 포함돼 있다.

반대

더 쉽게(그리고 더 안전하게) 가축을 개량하는 방법이 있다

뿔을 태워 없애거나 꼬리를 자르는(혹은 동물에게서 그 형질 유전자를 제거하는) 대신에 소와 돼지에게 더 많은 공간을 제공하기만 하면 된다. 뿔과 꼬리처럼 타고난 형질이 문제가 되는 이유는 좁은 곳에 가두어 기르기 때문이다.

게다가 동물의 유전자 편집에 대해 이야기하기 시작하면, 우리는 다시 그 미끄러운 비탈길로 돌아가게 된다. 우리의 식성에 맞춰 어떤 형질을 계속 추가하거나 제거하다 보면, 결국 가축은 원래의 모습과는 완전히 딴판으로 변하고 말 것이다.

그리고 이 기술을 마음대로 사용할 수 있게 되면, 크리스퍼 기술이 과연 가축에게만 적용될까? 뿔이 없는 소를 만들 수 있다면, 말 이마에 뿔을 첨가할 수도 있을 것이다. 그다음에는 색소 유전자를 편집해 말을 하얗게 만들 것이다. 그리고 그렇게 만든 동물을 유니콘이라고 부르며 시장에 내놓을 것이다. 혹은 *polled* 유전자에서 *p* 버전을 2개 집어넣고, *MSTN* 유전자를 둘 다 제거하는 쪽으로 개를 편집할 수도 있다. 이렇게 해서 탄생한, 뿔이 달리고 우람한 개는 불법 투견장에서 주인에게 큰돈을 벌게 해줄 것이다….

찬성

동물을 완전히 건너뛰어 고기를 생산할 수도 있다

이처럼 더 나은 소(혹은 돼지나 닭)를 만드는 연구를 하는 과학자가 있는 반면, 이와 완전히 다른 획기적인 제품을 만들려고 시도하는 과학자도 있는데, 그것은 바로 세포 기반 고기이다. 실험실에서 키운 고기, 시험관 고기, 세포 배양 고기, 클린 미트라고도 부르는 이 고기는 동물의 몸에서 자라는 것이 아니라, 세포 배양을 통해 자란다.

그 방법은 다음과 같다:

1. **동물의 몸에서 참깨만 한 크기의 조직(수백만 개의 세포를 포함한)을 떼어낸다.**
2. **성장하고 분열해 근육이 되는 데 필요한 모든 것을 세포에 제공한다: 즉 따뜻한 온도와 산소, 당과 염, 단백질을 포함해 영양분이 풍부한 성장 배지培地(배양 세포 등을 기르는 데 필요한 영양소가 들어 있는 액체나 고체)를 공급한다.**
3. **세포가 알맞은 크기로 성장하면, 햄버거 패티나 소시지, 치킨 너깃으로 만들 수 있다.**

이런 식으로 고기를 생산하면 동물에게만 좋은 것이 아니라 사람의 건강에도 좋다. 실험실에서 배양하는 고기는 질병을 일으키는 대장균이나 살모넬라균과 접촉할 일이 없기 때문이다. 일부 추정에 따르면, 세포 기반 고기는 전통적인 고기 생산 방식에 비해 땅은 99%, 물은 95%, 에너지는 최대 50%가 덜 든다고 한다. 따라서 환경에도 아주 좋다.

찬성

마이크로소프트 설립자인 빌 게이츠를 비롯한 많은 사람들은 크리스퍼를 사용해 세포 기반 고기의 질을 높이려고 하는 회사에 투자했다. 이들은 이 계획의 기반을 이루는 실제 과학은 공개적으로 이야기하지 않았지만, 닭과 소의 세포를 무한정 복제시키는 크리스퍼 기술의 소유권을 보호받기 위해 특허를 신청했다.

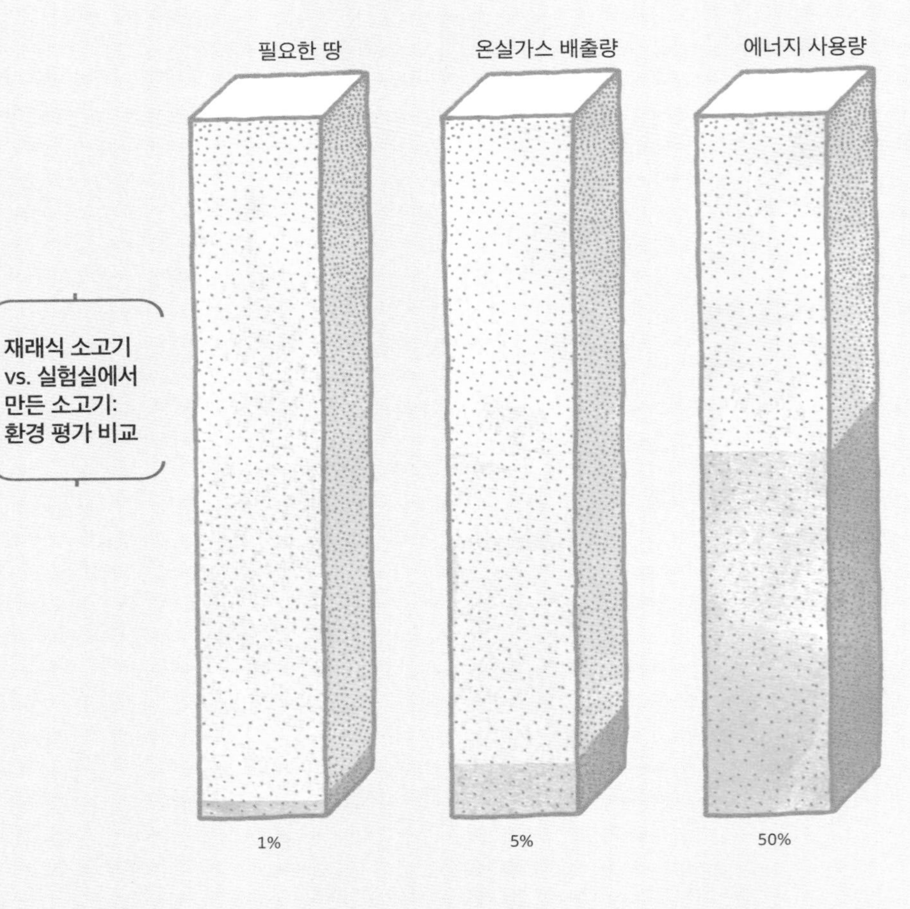

세상 사람들은 실험실에서 만든 고기를 받아들일 준비가 되어 있을까?

실험실에서 최초의 햄버거를 만드는 데에는 32만 5000달러의 비용과 2년이라는 시간이 걸렸다. 큰 비용이 든 이유는 세포에 공급하는 성장 배지 가격이 매우 비쌌기 때문이다. 게다가 이 고기는 태어나지 않은 송아지의 몸에서 수확했다. 이것은 동물 복지 때문에 세포 기반 고기를 선호하는 사람들에게는 분명히 반갑지 않은 소식이다.
하지만 여기에 크리스퍼가 해결책을 제공할 수 있다. 세포 기반 고기를 만드는 데 드는 비용은 이미 수십만 달러에서 수십 달러로 떨어졌는데, 유전자 편집 미생물로 성장 배지의 영양분을 만들기 시작한 것이 한 가지 이유였다.(유전자 편집 미생물은 이미 수십 년 전부터 의약품과 건강 보조제를 만드는 데 사용돼왔다.) 성장 배지의 질이 높을수록 소고기의 질도 높아지기 때문에, 유전자 편집은 세포 기반 고기의 맛도 더 좋게 할 것으로 기대된다.

진짜 궁금한 질문은 사람들이 과연 이 고기를 먹을 것인가 하는 것이다.

식물 GMO와 마찬가지로 사람들은 유전공학으로 변화시킨 동물을 먹는 것에 불안을 느낀다. 최초의 유전자 변형 동물(그 유전체에 왕연어의 성장 호르몬 유전자를 집어넣은 대서양연어)이 소비하기에 적합하다고 승인이 났을 때, 많은 사람들은 그 연어를 먹지 않겠다고 말했으며, 많은 식료품 가게는 그 연어를 받길 거부했다.
사람들이 세포 기반 고기를 유전자 편집 동물이나 유전자 변형 동물의 고기보다 더 좋아할지는 두고 보아야 할 일이다. 하지만 한 가지만큼은 분명하다. 수십억 달러의 매출을 올리는 소고기 산업은 시험관 고기보다는 유전자 편집 고기를 더 좋아할 것이다. 이 제품들을 시장에 내놓을지 말지 최종 결정을 내릴 규제 당국에 이들은 얼마나 큰 압력을 넣을까?
어느 시점에 이르면, 규제 당국이나 농부나 소비자는 선택권이 사라질지 모른다. 재래식 농업 방식만으로는 급속도로 증가하는 인구에 동물 단백질을 충분히 공급하기가 불가능해질 것이기 때문이다 —그 동물들이 유전자 편집이 되었건 되지 않았건 상관없이.

예리한 질문

크리스퍼 기술을 사용한 고기 생산이 수지맞는 투자가 아닐까?

크리스퍼는 이전에 사용하던 종류의 유전공학보다 더 값싸고 쉬울지 모르지만, 유전자 편집 동물 고기는 여전히 비싼 가격에 판매된다. 그래서 어떤 사람들은 크리스퍼 기술을 사용한 고기 생산이 수지맞는 투자라고 생각한다. 이들은 크리스퍼가 개발도상국 사람들을 위해 더 많은 고기를 더 손쉽게 생산할 잠재력이 있다고 믿는다.

하지만 어떤 사람들은 이미 우리가 생산하는 고기를 전 세계에 더 균등하게 분배하는 게 낫다고 생각한다. 빈곤의 근본 원인을 해결하기 위해 노력하고, 개발도상국의 농부들을 지원하고, 채식 위주의 식사를 권장함으로써 투자한 돈에서 더 큰 효과를 얻을 수 있다.

여러분은 어떻게 생각하는가? 어디에 돈을 쓰는 게 낫다고 생각하는가?

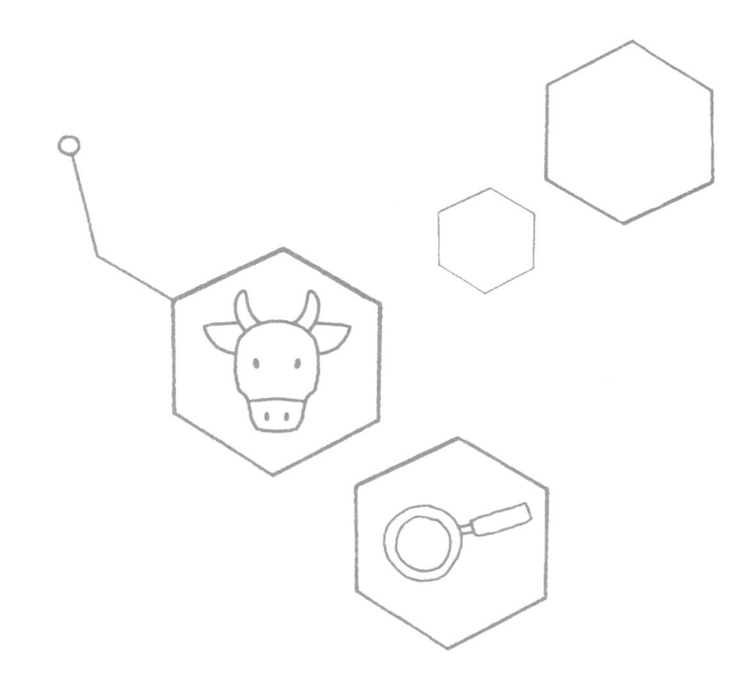

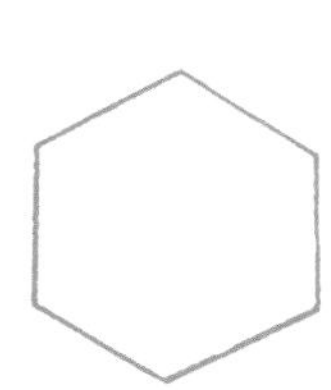

8

멸종 동물을 되살리다

좋다, 유전자 편집으로 말을 유니콘으로 바꾸는 것은 다소 억지스러운 이야기라고 치자. 하지만 우리가 좋아하는 동물 친구들에게 큰 영향을 미칠 수 있는 크리스퍼 기술은 이미 현실이 되었다. 더 우수한 품종의 개를 만들거나 멸종 위기에 처한 종을 구하거나 이미 멸종한 종을 되살리는 이야기를 할 때, 크리스퍼는 빼놓을 수 없는 주인공으로 등장한다.

애완동물의 수명을 늘리는 방법

앞 장에서 이야기했던 마이오스타틴 유전자를 다시 살펴보자. 근육세포의 분열을 막아 소가 고기를 많이 만들지 못하게 한다는 유전자 말이다. 허큘리스와 티앙구는 비글 품종의 개인데, 크리스퍼를 사용해 개에서도 동일한 마이오스타틴 유전자를 제거할 수 있음을 생생하게 보여주는 증거이다. 두 개는 보통 비글보다 근육량이 2배나 많아 더 강하고 빠르다. 그래서 허큘리스와 티앙구(그리고 그 후손들)는 경찰견이나 군용견, 사냥개로 쓰기에 아주 좋다.

크리스퍼는 허큘리스와 티앙구를 만드는 계획 외에도 뒤셴 근육 퇴행 위축(3장에서 소개했던 단일 유전자 질환) 같은 사람의 질병 연구에 쓰이는 동물 모형을 만드는 데 사용되었다. 그런데 이 연구는 애완동물의 수명을 늘리는 데에도 도움을 줄 수 있다. 예를 들면, 캐벌리어 킹 찰스 스패니얼(개의 한 품종)은 약 절반이 승모판 질환(심장 판막 중 하나가 너무 좁아서 생기는 병)으로 열 살 무렵에 죽는다. 혹시 생쥐의 심장 판막을 해친다고 알려진 단백질 유전자를 제거하면, 이 질환을 예방할 수 있지 않을까?

크리스퍼-카스9를 사용해 단일 유전자(혹은 유전자들의 집단)를 편집해 애완동물을 영원히 살게 할 수는 없지만, 유전자 편집을 통해 수명을 더 늘릴 수 있는 단일 유전자들은 있다. 애완동물 반려자를 복제하는 데 돈을 아끼지 않으려는 사람들이 아주 많다는 사실을 감안하면, 이 기술을 원하는 시장도 아주 클 것이다.

허큘리스와 티앙구는 보통 비글보다 근육량이 2배나 많다.

시장 이야기가 나왔으니 하는 말인데, 약 1500달러 (한화 약 170만 원)에 마이크로돼지를 살 수 있다는 사실을 아는가? 성장 인자 유전자를 편집해 만든 이 돼지는 완전히 자라도 몸 크기가 중간 크기의 개만 하다. 마이크로돼지는 원래는 농부들을 돕기 위해 만들었지만 (큰 돼지는 다루기가 힘들므로) 애완용으로 아주 큰 인기를 끌자, 이 돼지를 만든 회사는 다양한 색과 무늬를 가진 돼지들을 만들어 판매할 계획을 세웠다. 지갑만 한 크기에 핑크색 물방울무늬로 뒤덮인 돼지가 다음 번 전시회에서 큰 인기를 끄는 모델로 등장하지 않을까?

상상할 수 있는 것은 실제로 현실이 될 가능성이 있다. 애완동물을 놀랍게 변화시키는 것에서부터 코모도왕도마뱀을 날개 달린 용으로 바꾸는 것에 이르기까지, 크리스퍼는 우리의 동물 친구들을 정의하는 방식을 바꿔놓을지도 모른다.(하지만 유전자 편집도 물리학 법칙을 거스를 수는 없어 동물에게 불을 내뿜게 할 수는 없다. 불 뿜는 용을 사랑하는 사람들에게는 안타까운 소식이지만.)

멸종 생물 되살리기

만약 유전공학으로 용을 만들 수 있다면, 공룡도 만들 수 있지 않을까? 크리스퍼를 사용한다면, 영화 〈쥐라기 공원〉의 기본 전제는 아주 터무니없는 것은 아니다. 공룡의 DNA는 화석화 과정에서 살아남지 못할 수 있지만, 수천 년 동안 얼음 속에 갇혀 보존된 털매머드의 DNA는 양호한 상태로 남아 있을 수 있다.

지금까지 털매머드의 클론을 만들려는 시도는 실패했는데, 냉동 DNA의 상태가 전체 유전체를 얻을 수 있을 만큼 온전하지 않았기 때문이다. 하지만 과학자들은 털매머드를 오늘날의 코끼리와 차이 나게 만드는 유전자들을 알아냈다. 이것들은 대부분 추운 날씨에서 살아남게 하는 유전자들인데, 텁수룩한 털이 나게 하는 유전자, 아주 두꺼운 체지방을 만드는 유전자, 체온이 아주 낮아져도 주요 신체 부위로 혈액을 나르는 특별한 종류의 헤모글로빈을 만드는 유전자 등이다.

이 정보를 이용해 과학자들은 현재의 클로닝 기술을 변형시켜 털매머드를 되살리는 방법을 개발했다. 그 단계들은 다음과 같다:

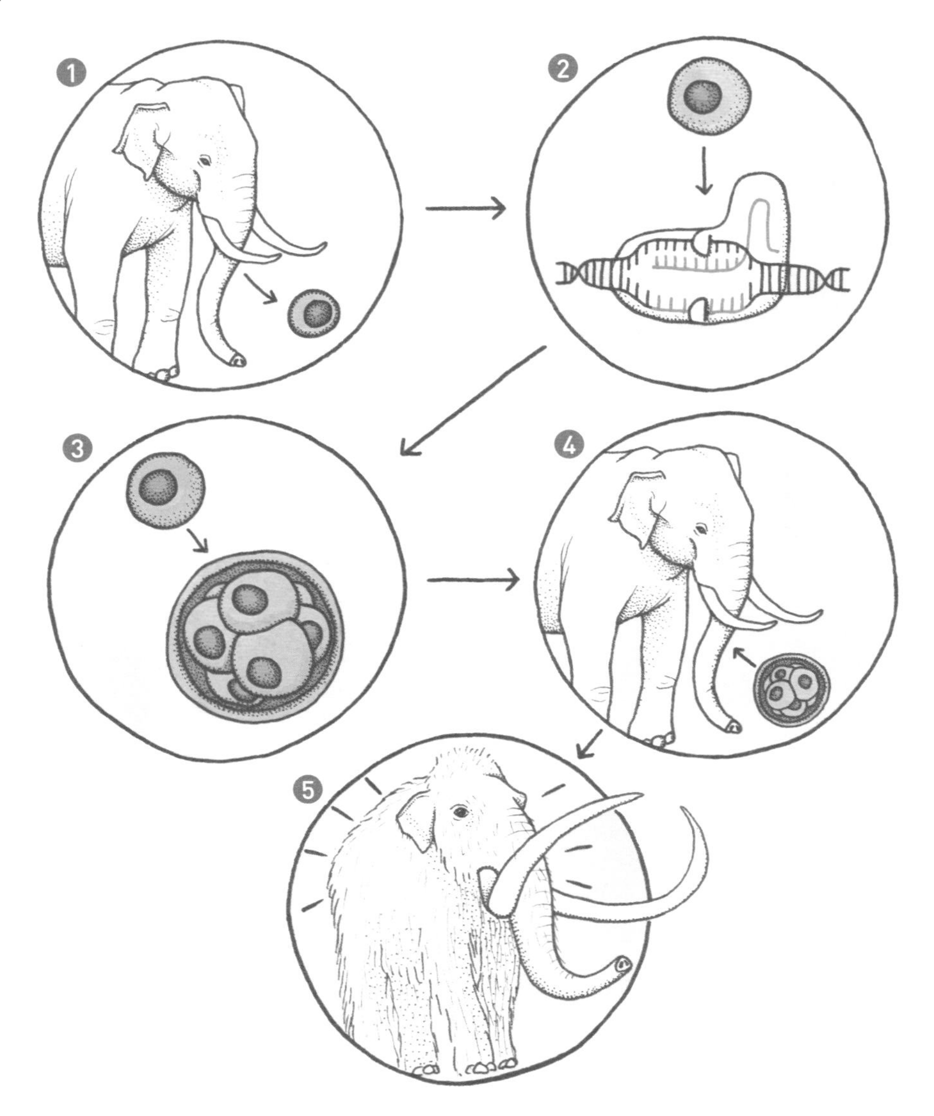

1. 아시아코끼리에게서 세포를 채취한다. 아시아코끼리는 살아 있는 동물 중에서 털매머드와 가장 가까운 종이다.
2. 크리스퍼-카스9의 기술을 총동원해 아시아코끼리에게 없는 털매머드의 독특한 유전자 1642개(염기쌍으로는 150만 개가 채 안 되는)를 전부 다 편집해 집어넣는다.
3. 편집한 세포를 배아로 만든다.
4. 배아를 아시아코끼리의 자궁이나 인공 자궁에 착상시킨다.
5. 이렇게 해서 마침내 털매머드가 태어난다!

매머드 스텝

이 모든 첨단 기술에서 잠깐 눈을 돌려 최근의 빙기가 시작된 시기(약 10만 년 전)로 되돌아가보자. 그 당시에는 검치호, 동굴사자, 늑대, 곰, 들소, 순록, 야생마, 털코뿔소와 함께 털매머드가 매머드 스텝 지역Mammoth Steppe을 돌아다녔다—매머드 스텝은 오늘날의 에스파냐에서 시작하여 유라시아를 가로지르면서 베링 해협을 건너 캐나다까지 뻗어 있던 광대한 북쪽 스텝 지역을 가리킨다.

그 당시 기후는 춥고 건조했으며, 땅은 풀과 허브와 북극버들로 뒤덮여 있었다. 털매머드는 작은 나무들을 짓밟고 지나다니면서 풀을 뜯어 먹었고, 영양분이 많은 똥으로 흙을 기름지게 했다.(사실이다! 똥은 영양분이 많다—적어도 흙에는. 거름의 마술은 바로 여기서 나온다!)

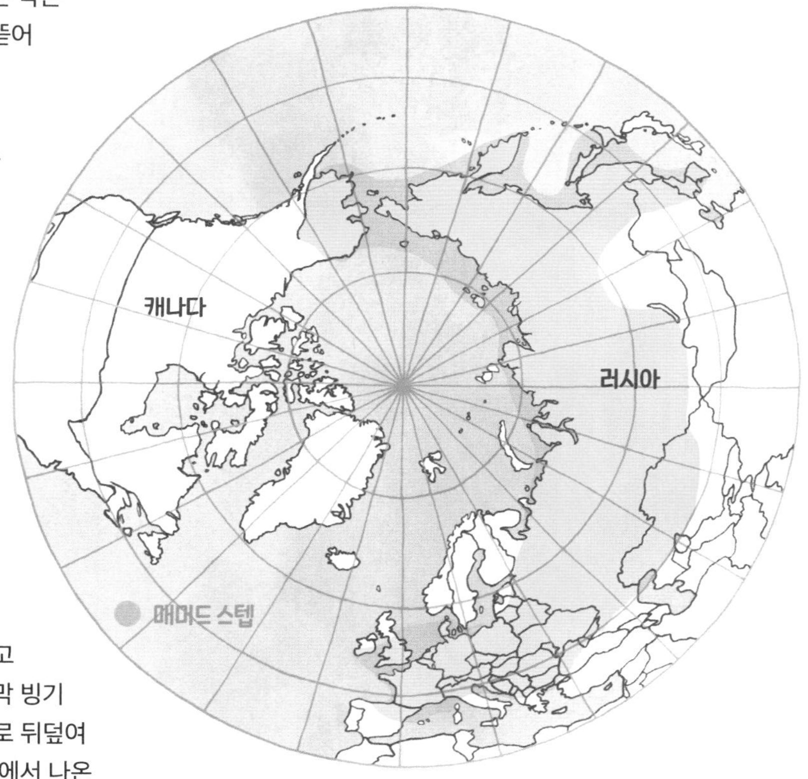

매머드는 대부분 약 1만 년 전에 자신이 살던 지역의 빙하가 녹으면서 죽어갔지만, 약 3700년 전까지 시베리아에서 작은 개체군이 살아남았다. 과학자들이 매머드의 DNA를 얻은 곳도 바로 이곳인데, 털매머드 사체가 영구 동토층에 묻힌 덕분에 부패와 포식 동물과 청소동물의 공격을 피해 온전한 형태로 남았기 때문이다.

이전의 매머드 스텝에서 오늘날까지 비슷한 상태로 남아 있는 곳은 척박하고 이끼가 무성한 툰드라 지역인데, 마지막 빙기 이래 계속 얼어 있었던 영구 동토층으로 뒤덮여 있다. 영구 동토층에는 죽은 식물 물질에서 나온 탄소가 대량으로 묻혀 있는데, 기온 상승으로 땅이 녹으면 빠져나와 그렇지 않아도 높은 대기 중의 온실가스 농도를 높일 것이다.

하지만 털매머드가 많이 살아서 활동하면, 영구 동토층이 녹을 때 온실가스의 방출을 막아 탄소가 많이 묻혀 있는 이 땅을 이전 상태로 되돌릴 수 있다는 증거가 일부 있다. 이것은 멸종한 이 동물을 되살리려는 시도를 지지하는 한 가지 이유가 될 수 있다.

검치호는 어떨까? 글쎄, 검치호는 그냥 내버려두는 게 낫지 않을까?

크리스퍼를 사용한 유전자 편집으로 태어난 클론이 실제로 임신을 할 수 있다는 증거는 아직 없지만, 과학자들은 그런 일을 성공시키려고 열심히 노력하고 있다. 그렇게 만든 동물이 과연 털매머드와 얼마나 닮았을까 하는 질문이 나올 수 있다. 유전학 기술 자체도 의심스럽지만, 어미 코끼리가 새끼를 매머드보다는 코끼리에 더 가깝게 키울 가능성도 있다.

그래도 추위에 강한 코끼리(매머드와 코끼리의 잡종인 매머펀트mammophant)를 만들려는 연구가 성공할지도 모른다. 그리고 매머펀트를 만드는 과정에서 얻은 지식은 그 밖의 멸종 동물을 되살리는 데 도움을 줄 것이다.

침입종

이름만 들어도 악당처럼 들리는 침입종invasive species은 새로운 서식지로 옮겨가 해를 끼치는 생물을 말한다. 가끔 침입종은 생태계에 큰 혼란을 가져오며, 심지어 사람의 건강에 위협이 되는 경우도 있다.
아시아잉어는 원래 1960년대와 1970년대에 미국 남부의 농업용 저수지와 오수 처리용 못에 녹조(아시아잉어가 좋아하는 먹이인)가 생기는 것을 막기 위해 들여왔다. 그런데 홍수 때 아시아잉어가 미시시피강으로 빠져나갔다. 그리고 그곳에서 미국의 많은 주들과 오대호까지 퍼져나갔다.

아시아잉어의 큰 문제는 몸이 크다는(특히 머리가 크다) 점과 번식 속도가 빠르다는(암컷 한 마리가 일 년에 최대 100만 개의 알을 낳는다) 점에 있다. 거기다가 식욕도 아주 왕성하다. 아시아잉어의 공격적 식습성은 강둑 침식과 물의 혼탁도를 높이고, 물고기의 산란 장소를 파괴하며, 심한 수온 변동을 가져오고, 물고기의 서식지를 없앤다. 아시아잉어는 다른 물고기와 오리 같은 수생 조류의 먹이를 빼앗을 뿐만 아니라, 물에서 중요한 영양분을 먹어치워 민물담치처럼 민감한 생물을 죽게 한다.
반면에 얼룩말조개는 스스로 들어온 침입종이다. 흑해가 원산지인 얼룩말조개는 아시아잉어와 동일한 북아메리카의 수계에 들어왔다. 큰 군집을 이루어 부두와 배, 방파제를 뒤덮고, 때로는 발전소와 정수 처리장의 취수로를 막기도 한다. 얼룩말조개도 아시아잉어처럼 물에서 영양분을 휩쓸어가 전체 생태계를 교란시킨다.
과학자들은 이 두 가지 문제의 해결책을 크리스퍼 유전자 드라이브에서 찾으려고 한다. 크리스퍼 도마 위에 올릴 그 밖의 후보로는 불청객 설치류와 족제비, 뉴질랜드의 주머니쥐, 갈라파고스제도의 쥐 등이 있다. 만약 여러분도 해충 문제로 골치를 썩이고 있다면, 크리스퍼가 (언젠가) 해결사로 나설지 모른다.

찬성

크리스퍼 기술을 동물에게 사용해야 할 이유가 충분히 있다

유전자 편집은 선택 교배와 교잡보다 더 인도적일 수 있다. 6장에서 이런 번식 기술을 식물에 사용하는 예를 소개했지만, 이 기술은 동물에게도 사용되었다. 예를 들면, 늑대의 선택 교배를 통해 치와와와 그레이트데인처럼 다양한 후손이 태어났다. 그리고 일부 개 품종은 서로 완전히 다른 부모를 전략적으로 교잡시킨 결과로 탄생했다. 선택 교배와 유전자 편집의 주요 차이점은 선택 교배의 경우 원하는 결과를 얻기까지 많은 세대가 걸리고, 또 동물을 훨씬 오랫동안 사육하면서 돌보아야 한다는 데 있다. 게다가 근친 교배(원하는 특성을 얻기 위해 혈연이 아주 가까운 개체들끼리 교배시키는 것)는 유전적 다양성을 감소시키는 결과를 낳는데, 그러면 개가 고관절 이형성증 같은 단일 유전자 질환과 암, 심장병, 면역 질환, 신경 질환 같은 복합 질환에 걸릴 위험이 커진다. 이런 이유 때문에 일부 사람들은 유전자 편집 동물이 전통적인 방법으로 품종을 개량한 동물보다 훨씬 낫다고 생각한다.
하지만 유전자 편집을 통해 애완동물을 우리의 기호에 맞게 개량하거나 멸종한 종을 되살리려는 노력에는 아주 많은 시간과 자원이 필요하다. 그런 노력을 이미 있는 동물들을 보존하는 데 쓰는 게 더 낫지 않을까? 그런데 이 문제에도 유전자 편집이 도움을 줄 수 있다.

유전자 편집을 동물(그리고 동물이 사는 환경)을 보존하는 데 사용하는 방법은 여러 가지가 있다. 예를 들어 위기에 빠진 오스트레일리아의 그레이트배리어리프(세계 최대의 산호초 지역)를 구하기 위해 과학자들은 크리스퍼를 사용해 산호초의 생활사에서 중요한 유전자가 어떤 것인지 알아내고 있다. 또, 산호 백화(수온이 높아진 바닷물이 조류藻類를 휩쓸어가는 바람에 산호가 필수 영양분을 섭취하지 못해 나타나는 현상)에 관여하는 유전자들도 찾고 있다.

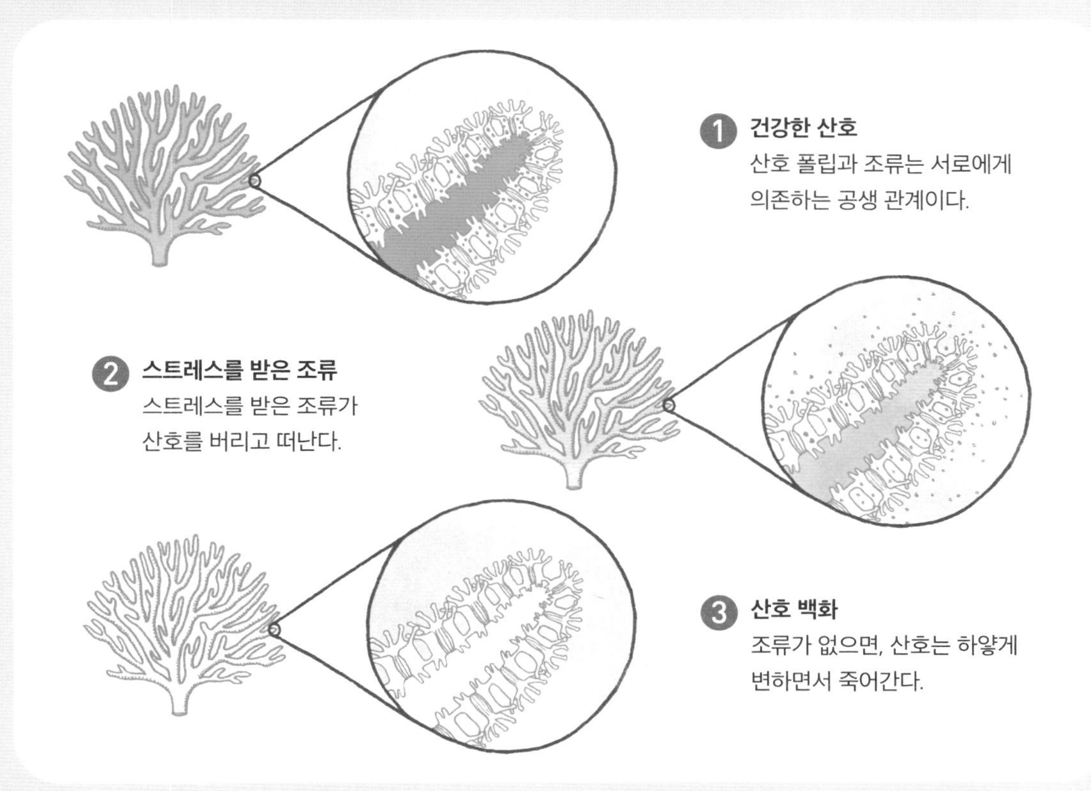

멸종을 막는 또 한 가지 방법은 서식지에서 침입종을 없애는 것이다. 오대호에서 아시아잉어를 퇴치하기 위한 한 가지 방안으로 아시아잉어의 유전자 드라이브(105쪽, '침입종' 참고)를 고려하고 있는데, 이것은 '의도적 멸종'이라고 부를 수 있는 방법이다. 이 큰 물고기는 북아메리카에 흘러들어온 뒤 다른 야생 물고기의 씨를 말리고 있다. 전기 장벽, 물대포, 냄새를 바탕으로 한 미끼 등을 사용해 아시아잉어를 없애려고 이미 많은 돈을 쏟아부었다.

만약 크리스퍼를 사용해 아시아잉어의 유전체를 편집해 그 후손이 오직 수컷만 태어나도록 한다면, 이 종은 금방 오대호에서 멸종할 것이다. 그리고 만약 이 방법이 효과가 있다면, 같은 기술을 사용해 세계 각지의 침입종(105쪽, '침입종' 참고)을 처리할 수 있을 것이다.

만약 유전자 편집 동물이 침입종이 되면 어떤 일이 일어날까?

예를 들어 만약 '편집된' 아시아잉어 중 한 마리가 어떻게 하여 아시아로 돌아간다면 어떤 일이 일어날까? 혹은 오대호에 서식하는 토착종과 짝짓기를 한다면 어떤 일이 일어날까? 생태계를 다룰 때에는 모든 것이 서로 연결돼 있다는 사실을 명심해야 한다. 때로는 우리가 예측하지 못하는(혹은 예측할 수 없는) 방식으로 연결돼 있다. 예를 들어 만약 가축으로 만든 애완동물을 야생으로 보내면, 그 동물이 야생 동물에게 질병을 옮기고, 야생 동물의 먹이를 빼앗고, 야생 동물과 짝짓기를 하면서 전체 생명의 그물을 혼란에 빠뜨릴 것이다. 귀엽고 작은 집토끼가 이토록 큰 혼란을 초래할 줄 누가 상상이나 했겠는가?

이것은 털매머드 문제를 다시 생각하게 만든다. 되살아난 이 동물은 오늘날의 세계에서 어떤 자리를 차지할까? 털매머드는 그렇지 않아도 이미 멸종 위험에 처해 있는 북극 동물들의 먹이와 땅과 자원을 빼앗지 않을까? 털매머드가 새로운 침입종이 되는 것은 아닐까?

또, 털매머드는 오늘날의 시베리아 환경에 적응해 살아갈 수 있을까? 혼수상태에 빠졌다가 50년 뒤에 깨어난 사람이 전자레인지와 스마트폰을 비롯해 현대의 물건들을 사용하는 법을 몰라 어쩔 줄 몰라 한다는 이야기를 들어보았을 것이다. 코끼리는 영리한 사회적 동물로, 유전보다는 학습을 통해 후손에게 정보(겨울철에 물을 어디에서 찾아야 하는가와 같은)를 전달한다. 어미 털매머드가 없는 상황에서 새끼는 야생에서 살아가는 법을 어떻게 배울까? 여기가 어떤 곳인지 제대로 알지도 모르는 세상에서 말이다.

유전자 편집의 미끄러운 비탈길에 있는 모든 것과 마찬가지로 멸종 동물을 되살리는 데 크리스퍼를 사용하는 방법은 각각의 상황에(혹은 각각의 동물에) 따라 결정해야 할 필요가 있다. 그리고 지금 당장은 그런 결정을 어떻게 내려야 할지 합의된 방법이 없다.

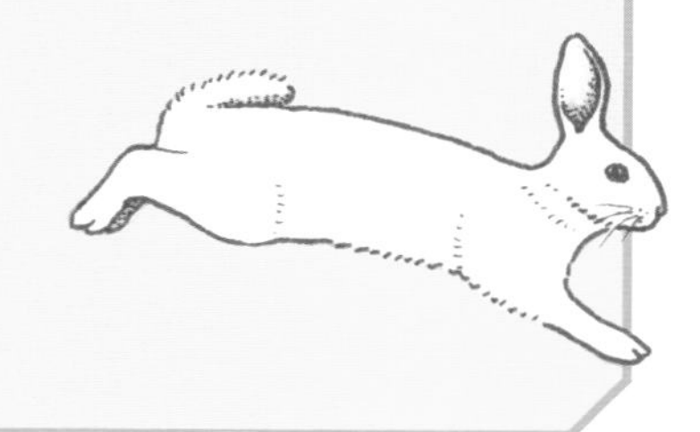

반대

유전자 편집 동물이 세상에 나타날 준비가 되어 있느냐가 한 가지 문제라면, 또 다른 문제는 세상이 유전자 편집 동물을 받아들일 준비가 되어 있느냐 하는 것이다

유전자 편집으로 애완 돼지를 (꼭 껴안고 싶도록) 더 아담한 크기로 만들 수 있을지는 몰라도, 땅을 파헤치는 돼지의 본능은 없애지 못할 수 있다. 만약 아파트나 조경이 잘된 마당이 딸린 집에서 산다면, 이것은 결정적인 결점이 될 수 있다.

또, 우리보다 더 오래 살 만큼 개나 고양이의 수명을 늘린다면 어떻게 될까? 결국에는 많은 동물을 보호소로 보내거나 심지어 안락사를 시켜야 할지도 모른다. 게다가 마이크로돼지(혹은 다른 유전자 편집 동물)에게 다른 건강 문제가 나타날지 여부는 아직 속단하기 이르지만, 그런 문제가 나타날 가능성이 분명히 있다. 사실, 동물의 몇 가지 특성을 변화시키면, 현재의 품종 개량 방법에서 나타나는 것과 비슷한(혹은 더 좋지 않은) 질병이 나타날 수 있다.

마지막으로, 이 실험들이 실패하면 어떻게 될까? 사람의 건강을 위해 동물 실험을 받아들이는 것은 그렇다 치자. 하지만 지갑 속에 집어넣을 만한 크기로 만들거나 동물원에 가둬놓고 구경하기 위해 동물에게 해를 가하는 행동을 어떻게 정당화할 수 있을까?

동물의 권리를 옹호하는 단체들은 클로닝을 오로지 금전적 이익을 얻으려는 목적으로 동물을 우리에 가두고 조작하기 때문에 비윤리적이라고 말하면서 반대 목소리를 낸다. 이 주장에 동의하든 않든, 멸종된 털매머드를 되살리려면 아시아코끼리의 도움이 필요하다는 것은 분명한 사실이다. 그런데 아시아코끼리 자신도 지난 세기에 밀렵과 서식지 파괴로 그 수가 절반으로 줄어들었다.

세포 채취를 위해 코끼리를 실험 표본으로 사용하는 문제 외에도, 대리모 코끼리가 임신 동안 살아남을지도 불확실하다. 만약 살아남는다 하더라도, 출산에 따른 위험이 얼마나 큰지도 불확실하다.

새끼 매머드가 태어나고 어미 코끼리가 살아남는 최상의 시나리오가 현실이 된다 하더라도, 아직도 확실한 성공을 보장할 수 없다. 이전의 동물 복제 실험들은 클론(특히 다른 종에게서 태어난)은 다양한 건강 문제를 겪을 위험이 크다는 것을 보여주었다.

추가 연구를 통해 이러한 잠재적 문제들을 해결할 수 있을지 모른다. 하지만 그래도 의문이 남는다. 멸종한 동물을 되살리거나 애완동물을 우리의 구미에 맞게 만들려는 시도에 돈을 버는 것 외에 다른 이유가 있는가? 그게 아니라면, 그저 인간 중심적 욕구를 만족시키기 위해서? 아니면 과거의 잘못을 만회하기 위해서? 이미 우리가 저지른 것 이상으로 자연을 바꾸려는 시도는 피하는 것이 상책일지 모른다.

예리한 질문

매머드를 다시 살려내는 것이 정말 좋은 걸까?

크리스퍼 기술의 개척자이자 털매머드를 되살리려는 노력을 이끄는 연구자인 조지 처치는 이 거대한 동물이 북극의 보호 구역에서 돌아다니게 하려는 꿈을 품고 있다. 아시아코끼리를 위험에 빠뜨리는 대신에 아시아코끼리의 유전체를 '매머드와 비슷하게' 편집하면, 이 동물은 다른 기후에 적응하면서 서식지를 넓혀갈 수 있어 이 종의 보존에 도움이 될 것이라고 제안했다. 그는 또한 털매머드를 되살리면 기후 변화에 맞서 싸우는 데에도 도움이 된다고 생각하는데, "털매머드가 눈을 짓밟으면서 뚫린 구멍으로 찬 공기가 들어가 툰드라의 토양이 녹지 않도록" 하기 때문이라고 한다. 일부 과학자들은 이 주장을 뒷받침하는 증거를 제시하면서 이에 동의한다(103쪽, '매머드 스텝' 참고).

털매머드를 되살리는 것에 반대하는 사람들은 이 주장에 회의적인 반응을 보인다. 이들은 멸종 동물을 되살리는 것은 과거의 잘못을 만회하는 것이 아니며, 우리가 환경에 저지른 손상을 회복시키는 것도 아니라고 주장한다. 사실, 털매머드를 그들을 멸종하게 한 것과 동일한 세계에서 다시 살아가게 하는 것은 비윤리적일 수 있다. 털매머드를 멸종시키는 데 기여한 인간 활동(사냥과 서식지 파괴 같은)은 여전히 그대로 남아 있다. 어떤 사람들은 털매머드의 엄니와 털가죽이 갑자기 암시장의 인기 품목이 되어 옛날과 마찬가지로 우리는 털매머드를 제대로 보호하지 못할 것이라고 우려한다.

여러분은 어떻게 생각하는가? 크리스퍼를 사용해 털매머드 같은 종을 되살려야 한다고 생각하는가?

9

더 나은 인류

크리스퍼의 모든 잠재력 중에서 가장 큰 주목을 받는 것이 바로 이 분야이다. 우리 자신을 더 훌륭하게 만들 수 있다고 생각하면 흥분하기 쉽다. (운동 시설에서 근육을 발달시키느라 오랜 시간을 보낼 필요 없이) 더 빨리 달리거나 더 높이 점프할 수 있다면 얼마나 좋겠는가? (열심히 공부하지 않고도) 다음 번 수학 시험이나 영어 작문 시험에서 더 좋은 점수를 받을 수 있다면, 이를 마다할 사람이 있겠는가? 그런데 정말로 유전자 편집을 통해 더 나은 인류를 만들 수 있을까? 그 답은 '예'와, '아니요'가 섞여 있다.

신체 능력 향상

크리스퍼를 사용해 낫 적혈구 빈혈 같은 단일 유전자 질환을 치료할 수 있다면, 크리스퍼를 사용해 기억력 증진이나 근육량 증대를 낳는 단일 유전자 증강도 가능할 것이다. 하지만 수명과 지능처럼 복잡한 특성은 문제가 훨씬 복잡하다. 왜 그럴까? 암과 심장병과 마찬가지로 이러한 특성에는 많은 유전자와 환경 요인이 관련돼 있기 때문이다.

뉴스나 소셜 미디어에서 크게 떠들어대는 일들은 현재 우리의 지식으로는 이루기가 거의 불가능하다. 예컨대 물고기 꼬리가 달린 사람의 예를 살펴보자. 가까운 장래에 이런 일이 일어날 가능성은 희박하다. 왜냐고? 꼬리가 자라려면 특정 세포들의 발달 과정에서 제각각 다른 시점에 다수의 유전자 스위치가 켜지거나 꺼져야 하기 때문이다. 크리스퍼의 도움이 있건 없건, 우리는 아직 그런 일을 할 수 없다.

하지만 수영장에서 수영을 조금 더 잘하길 원한다면, 다른 방법이 있다. 바로 물갈퀴가 달린 손과 발을 가지면 된다. 이런 상태를 손발가락 붙음증(합지증이라고도 함)이라고 한다. 손발가락 붙음증은 비교적 흔하다. 손발가락 붙음증을 가진 사람은 2000명당 한 명꼴로 태어나는데, 태아의 발달 과정에서 피부가 제대로 분리되지 않아 이런 일이 일어난다. 피부 분리 과정에는 여러 유전자가 관여하는데, 그중 하나만 없애도 물갈퀴가 발달할 확률을 크게 높일 수 있다.

우생학

제2차 세계 대전 때 독일의 나치 과학자들과 정치인들은 그들이 인류의 '퇴화'라고 부른 상황을 막기 위해 우생학 정책을 실시했는데, 그 결과로 인종 청소와 대량 불임 시술이 일어났다. 나치의 우생학 믿음은 훗날 옳지 않은 것으로 밝혀졌지만(수백만 명의 무고한 인명 희생을 막기에는 너무 뒤늦게), 전쟁이 끝난 뒤에도 오랫동안 북아메리카와 많은 유럽 국가에서는 지적 장애가 있는 여성에게 불임 시술을 하는 일이 계속 일어났다.

나치가 크리스퍼 기술을 알고 있었더라면 어떤 일이 일어났을지 생각만 해도 섬뜩하다. 하지만 히틀러 같은 사람이 없다 하더라도, 크리스퍼 기술의 광범위한 사용으로 '유전자 격차'가 나타날 가능성이 충분히 있다. 이렇게 생각해보라. 만약 여러분이 유전자 편집을 사용할 여유가 있다면(혹은 건강 보험으로 그 비용을 충당할 수 있다면), 그럴 여유가 없는 사람은 할 수 없는 방식으로 자신의 유전체를 개선할 수 있을 것이다. 시간이 지나면 부자와 가난한 사람의 격차가 더 벌어질 것이고, 결국에는 청각 장애나 비만이 있는 사람을 열등한 부류로 여기는 사회가 도래할지 모른다.

어떤 특성을 편집해서 없애야(혹은 집어넣어야) 한다는 결정은 누가 내릴까? 우리는 정말로 모두가 금발에 파란 눈을 가진 세상을 원하는가? 우리는 이미 어떤 특성을 다른 것보다 중시하고 소수자를 적대시하는 사회에서 살고 있다. 크리스퍼 기술을 다양성을 촉진하는 동시에 불평등을 해소하려는 노력과 조화를 이루게 하려면 어떻게 해야 할까?

크리스퍼 기술과 함께 앞으로 나아가는 사회는 '낡은 우생학'이 특정 인종이나 사회를 개선한다는 명분을 내세워 사람들을 차별하는(아이를 낳을 수 있는 사람과 낳아서는 안 되는 사람으로) 정책을 펼치던 지점을 반드시 지나갈 수밖에 없다. '새로운 우생학'은 여태까지 꿈꾸지 못한 새 특성을 만들어내는 잠재력을 사용해 개인을 유전적으로 더 훌륭하게 편집하려고 한다. 그런데 이것은 히틀러가 원했던 바로 그것이 아닌가?

수영장 대신에 운동장에서 뛰어난 능력을 발휘하고 싶은가? 손의 형성에 관여하는 유전자들을 표적으로 삼아 크리스퍼를 사용할 수 있다. 2000년에 메이저 리그에서 구원 투수로 뛰었던 안토니오 알폰세카Antonio Alfonseca가 성공을 거둘 수 있었던 한 가지 이유는 양손에 난 여섯 번째 손가락이었다. 이 여분의 손가락은 돌연변이로 생기는데, 유전자 편집을 통해 만들 수 있다.

물갈퀴 손가락과 여분의 손가락은 운동 능력을 향상시킬 수 있다. 만약 크리스퍼 기술로 적외선 시력이나 뛰어난 후각 같은 능력을 얻을 수 있다면, 그것은 명백한 이점이 될 것이다(여러분의 운동화 냄새가 아주 고약하다면 불리한 점이 될 수도 있겠지만). 하지만 슈퍼히어로를 만들려면, 사람의 유전체, 유전자들의 상호 작용, 환경 요인이 사람의 발달에 어떤 영향을 미치는지 알려주는 정보가 더 많이 필요하다.

손발가락 붙음증은 둘 이상의 손가락이나 발가락이 서로 들러붙은 상태를 말한다.

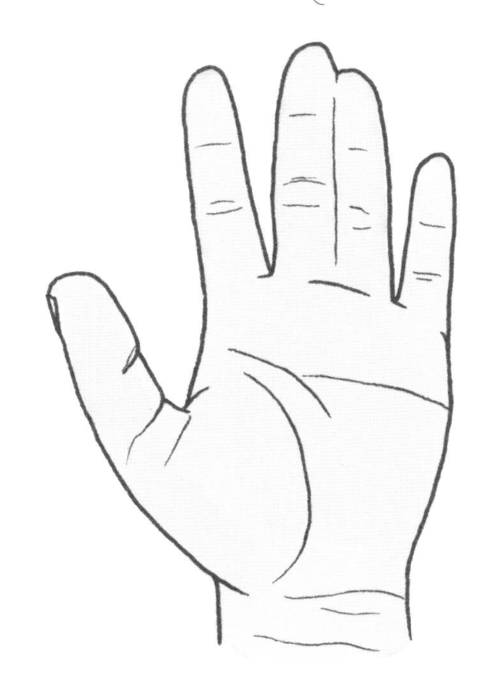

두 손가락의 완전
손발가락 붙음증

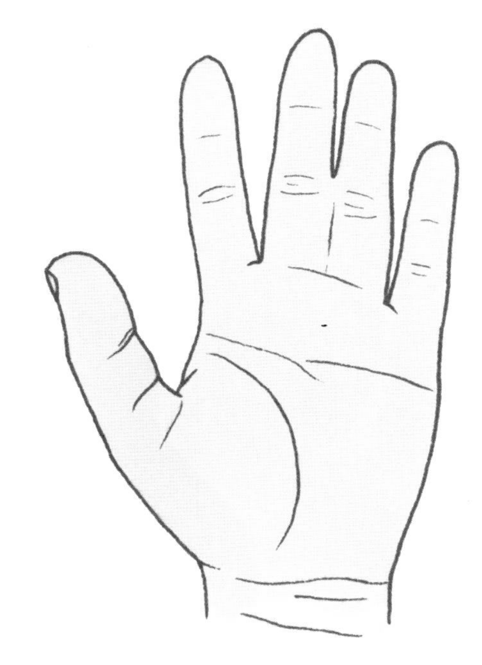

두 손가락의 불완전
손발가락 붙음증

맞춤 아기

물론 다 자란 어른은 이런 '개선'을 기대할 수 없다. 사실, 이런 개선은 아기 이전 단계에서 시도해야 한다. 이것은 생식 계열 세포의 편집에 관한 논의 (42쪽, '다음 세대로 전달되는 생식 계열 세포' 참고)로 되돌아가게 만든다. 그것은 2012년에 크리스퍼의 힘이 보도되었을 때 시작되었어야 할 논의였다. 하지만 지금은 때가 너무 늦었는지도 모른다.

2018년, '세계 최초의 유전자 편집 아기'에 관한 뉴스와 함께 크리스퍼에 관한 이야기가 폭발적으로 터져나왔다. 중국에서 태어난 두 쌍둥이 소녀 나나와 룰루는 HIV(69쪽, '은밀한 공격' 참고)에 면역력을 가지도록 편집되었다.

이 연구를 이끈 과학자 허젠쿠이賀建奎는 그 절차를 다음과 같이 설명했다:

"[어머니는] 정상적인 체외 수정으로 임신 과정을 시작했지만, 딱 한 가지 차이점이 있었지요. 남편의 정자를 난자로 보낸 직후에 유전자 수술을 위해 약간의 단백질과 지시도 함께 보냈습니다. 룰루와 나나가 하나의 세포에 불과했을 때, HIV가 사람을 감염시키려고 들어오는 통로를 이 수술을 통해 제거했습니다. 며칠 뒤, 자궁으로 [배아를] 돌려보내기 전에 우리는 전체 유전체 염기서열 분석을 통해 수술 결과를 확인했습니다. 그 결과는 수술이 의도한 대로 안전하게 일어났음을 알려주었습니다."

신의 역할을 하다

여러 국제 선언은 사람의 생식 계열 세포를 변형시키려는 시도를 '비윤리적인 인간 실험'이며 '인권 남용'이라고 비난했다. 이들은 그 시도를 금지시키길 원하는데(일시적이 아니라 완전히), 이 기술이 사람을 정의하는 방식을 바꿀 잠재력이 있다고 믿기 때문이다.

찰스 다윈에 따르면, 진화는 이상적으로 완전한 모형을 향해 나아가지 않는다. 진화는 다양한 상황에 적응하면서 점진적으로 나아가는 과정이다. 자연에서 어떤 유전자가 어떻게 작용해야 한다고 말하는 곳은 어디에도 없다. 하지만 과학자들은 '고장난 유전자'를 가진 사람은 고쳐야 할 필요가 있다고 생각하는 경향이 있다. 크리스퍼 연장통을 사용해 유전자를 '고치려고' 하는 것은 우리와 환경 사이뿐만 아니라 우리 사이에서 일어나는 상호 작용 방식을 무시하는 행동이다. 생식 계열 세포의 유전자 편집을 금지해야 한다고 믿는 사람들에게는 결코 답을 얻을 수 없는 질문들이 너무나도 많다.

변화시킨 특성이 유전되는 방법으로 유전체를 편집하면, 완전히 새로운 사람 종이 만들어질 수 있을까? 지금 우리가 패션으로 자신을 정의하듯이, 유전자로 자신을 정의하는 날이 오진 않을까? 우리는 '좋은' 유전자와 '나쁜' 유전자를 결정할 권리가 있을까? 우리가 예측할 수 없는 세계에서 살아갈 미래 세대에게 무엇이 최선인지 우리가 어떻게 결정할 수 있는가? 질병과 개선을 분명하게 구분할 수 없다면 (혹은 그런 결정의 결과를 예측할 수 없다면), 모래 상자에서 멀찌감치 떨어져 있는 편이 현명한 판단일지 모른다.

설사 이 보도가 사실로 드러나더라도(이 책이 나올 때까지 허젠쿠이의 연구는 입증되거나 과학 학술지에 발표되지 않았다), 나나와 룰루가 정말로 최초의 유전자 편집 아기인지 확인할 길이 없다. 그리고 만약 이들이 최초의 유전자 편집 아기라면, 이들이 마지막일까? 이 기술의 발전 속도를 감안한다면 아마도 그렇지 않을 것이다.

아마도 다음 질문이 더 적절한 질문일 것이다. 이제 유전자 편집 아기를 향해 나아가는 '문'이 열렸으니, 이 기술은 앞으로 어떤 곳에 쓰일까? 사람의 건강을 개선하는 데? 운동 능력이 월등하게 뛰어난 선수를 만드는 데? 특정 인종 집단을 말살하거나(112쪽, '우생학' 참고) 살인 기계를 설계하는 데?

생식 계열 세포의 유전자 편집

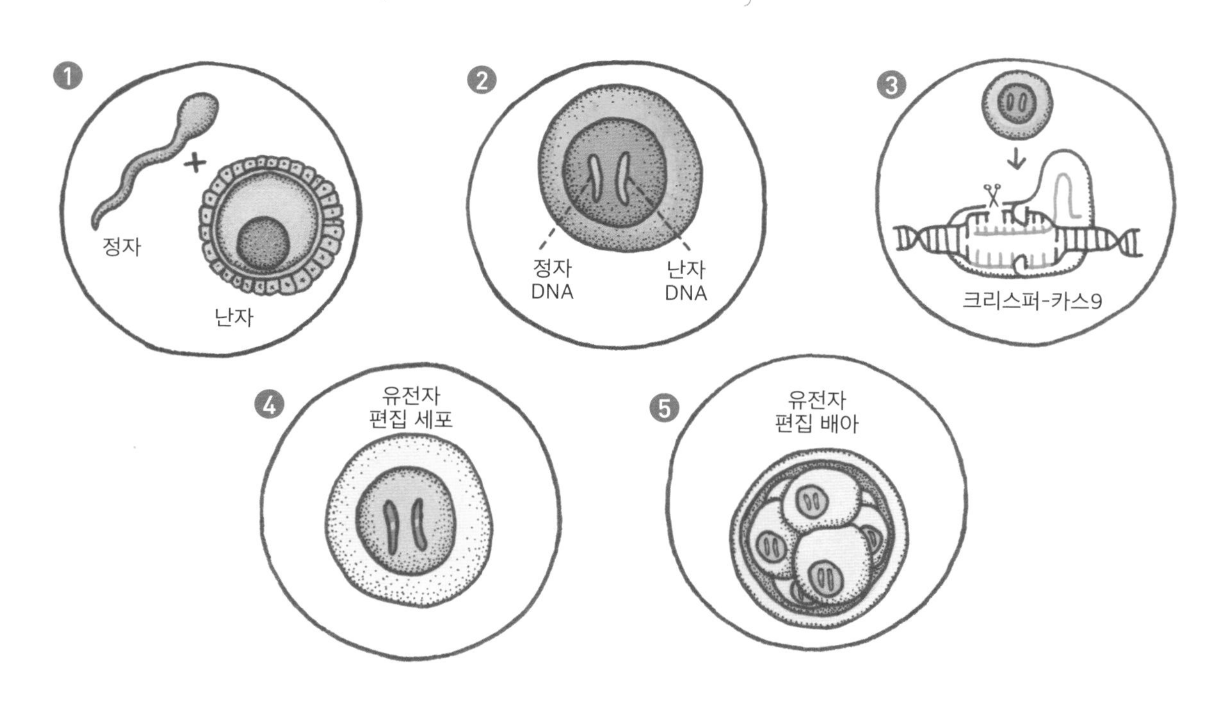

크리스퍼에 대한 합의

지금까지 '크리스퍼 혁명'은 대체로 연구실 문 뒤나 바이오테크 벤처 기업과 거대 제약 회사에서 진행되었다. 일부 국가가 이에 관한 정책을 마련하긴 했지만, 대부분의 논의는 인간 유전체 편집에 관한 국제 정상 회의 같은 유명한 회의에서 과학자와 윤리학자, 규제 담당자 사이에 일어났다.

이제 모든 사람을 같은 방에 모아놓고 이 혁명이 나아갈 방향에 대해 논의해야 할 때가 되었다(사실은 늦은 감이 있지만). 오늘날의 국제 상황을 감안하면, 반드시 모든 나라가 크리스퍼에 관한 규칙과 규제에 동참하도록 해야 한다. 그러지 않으면, 각 나라가 유전자 편집을 먼저 자신에게 유리하게 사용하려고 뛰어드는 새로운 종류의 군비 경쟁이 벌어질 것이다.

물론 모든 나라를 한자리에 불러모으기는 어려운데, 그래서 세계보건기구WHO가 우리를 위해 발 벗고 나섰다. 세계보건기구는 "인간 유전체 편집에 관련된 과학적, 윤리적, 사회적, 법적 문제"를 검토하기 위해 국제 18인 위원회를 만들었다.

미국 국립과학원(미국의 비영리 민간 단체) 같은 일부 자문 위원회는 이미 인간 유전자 편집에 관한 지침을 발표했는데, 여기에는 달리 방법이 없는 심각한 질병의 예방에만 생식 계열 세포의 유전자 편집을 사용하도록 제한하는 내용도 포함돼 있다. 하지만 여기에는 모호한 구석이 있다. 낫 적혈구 빈혈증 같은 질병은 '달리 방법이 없는 심각한 질병'일까? 3장에서 이야기했듯이 낫 적혈구 빈혈증에는 치료법이 있지만, 그것은 침습적이고 비싸며 완전한 치료를 보장하지 않는다. 이것을 미래 세대를 에이즈나 코로나바이러스감염증-19 같은 감염병에 면역력을 갖게 하는 것과 비교할 수 있을까?

이런 질문들에 답하는 것 외에도 세계보건기구 위원회는 전 세계의 인간 유전자 편집 연구를 등록하는 방안을 검토하고 있다. 그러면 과학의 진전 상황을 모두가 알 수 있을 테고, 정책 결정자들에게 책임을 지게 할 수 있다. 게다가 어떤 유전 가능한 변화가 유전체에 첨가되었는지 사회가 추적할 수 있어, 유전체 편집의 결과를 장기간에 걸쳐 파악할 수 있다.

다음 단계는 모든 유전자 편집 연구를 반드시 등록하도록 하는 것에서부터 정책을 실행에 옮기는 것까지 크리스퍼 연구를 감시하는 방법을 마련하는 것이다. '세계 최초의 유전자 편집 아기'에서 보았듯이, 전 세계적인 합의가 이루어지건 않건, 이것은 아주 어려운 일이 될 것이다.

신중한 접근

흥분에 휩싸여 무작정 나아가기 전에 잠시 한 걸음 물러서서 생각해보자

HIV에 결코 감염되지 않는 사람을 만들었다고 해서 그것을 개선된 '맞춤 아기'라고 볼 수 있을까? 여기에 대해서는 의견이 분분하다. 우리는 '맞춤'이란 용어를 들을 때, 뭔가 수준이 높거나 유행의 첨단을 걷는 것을 가리킨다고 생각하는 경향이 있다. 하지만 실제로는 이 단어는 만들어지기 전에 미리 (대개 아주 자세히) 계획된 것을 가리킬 뿐이다. 그래도 우리는 완벽한 아이를 꿈꿀 때, 대개 질병에 대한 저항력을 최우선 순위로 꼽지는 않는다. 하지만 허젠쿠이의 연구에 참여하기로 동의한 여덟 쌍의 부부는 사정이 달랐을지 모른다. 보고된 여덟 건의 사례 모두에서 남편은 HIV 양성이고 아내는 HIV 음성이었다.

이런 부부에게, HIV에 감염되지 않은 채 태어날 뿐만 아니라 평생 동안 에이즈에 면역력을 지닌 아이는 정말로 꿈 같은 일일 수 있다.

나나와 룰루를 둘러싼 논란은 HIV와는 아무 상관이 없다. 크리스퍼를 사용해 사람 배아에서 T세포의 HIV 수용체 유전자를 제거하는 것이 안전하다는 증거가 충분하지 않은데도 허젠쿠이가 연구를 진행한 것이 문제였다. 표적에서 벗어난 변화(3장 참고)와 다른 운반 방법(5장 참고)과 연관된 위험뿐만 아니라, 일부 연구는 이 수용체가 없는 사람이 웨스트나일열과 독감처럼 다른 감염병에 취약할 수 있음을 보여준다.

이것이 뇌에 영향을 미칠 수 있다는 추측도 있는데, HIV 수용체가 없는 생쥐는 사람으로 치면 학교에서 더 좋은 성적을 얻거나 뇌졸중에서 더 빨리 회복하는 것에 해당하는 특성을 보였기 때문이다. 이것은 좋은 것이 아닐까 생각할 수도 있지만, 문제는 우리가 손대는 유전자가 무엇인가에 상관없이, 사람의 유전체에 이런 종류의 변화를 초래하는 것이 과연 윤리적인지 아닌지 결정할 만큼 충분한 정보를 우리가 갖고 있지 않다는 데 있다. 편집된 유전자가 다음 세대로, 그리고 또 다음 세대로… 계속 전달된다면, 특히 더 큰 문제가 된다.

만약 이것과 같은 연구를 계속해야 한다면, 그 과학 실험이 적절하게 계획되고 윤리적으로 실행되도록 만전을 기해야 한다. 크리스퍼를 사용해 설계한 맞춤 아기를 맨 먼저 만들려는 경쟁이 되어서는 안 된다. 그리고 무엇보다도 관련 당사자들(연구자가 아니라 부모와 아이)의 안전을 최우선으로 고려해야 한다.

반대

허젠쿠이는 이토록 과감한 실험의 승인을 어떻게 받았을까?

승인받지 않았다.

발표가 난 직후, 허젠쿠이가 일하던 대학교 측은 그 계획을 전혀 몰랐다면서 허젠쿠이에게 무급 휴직 처분을 내렸다. 그 후 허젠쿠이는 대학교에서 해고되었고, 불법 의료 행위를 했다는 이유로 3년 징역형을 선고 받았다.

만약 다른 곳에서 이런 일이 일어났더라면, 다른 상황이 펼쳐졌을까? 그것은 뭐라고 말하기 어렵다. 사람의 유전자 편집과 배아 연구에 대한 정책은 나라마다 큰 차이가 있다. 그리고 중요한 것은 세부 사항에 있다.

캐나다와 영국, 그리고 많은 유럽 국가에서는 사람의 유전체를 유전될 수 있는 방식으로 편집하는 것이 불법이다. 미국에서는 현재 그런 법이 없지만, 생식 계열 세포의 유전자 편집을 포함한 임상 시험은 자문 위원회에서 승인을 받거나 연구 기금을 지원받지 못한다.(이런 조처도 허젠쿠이를 막지는 못했을 텐데, 그는 자신의 돈을 사용해 연구를 진행한 것으로 알려져 있다.) 많은 크리스퍼 기술 제공 회사는 배아가 아닌 세포의 편집에 사용하는 것을 제한한다는 조건으로 유전자 편집 장비도 판매한다. 하지만 일단 장비를 판매하고 나면, 그것이 어떻게 사용되는지 일일이 제어하기 어렵다.

나나와 룰루에 관한 뉴스가 보도된 후, 수백 명의 중국 과학자가 그 연구에 반대한다는 성명서에 서명하고 그것을 소셜 미디어에 올렸다. 크리스퍼의 공동 발견자(79쪽, '크리스퍼의 소유권은 누구에게?' 참고)인 제니퍼 다우드나는 "그 뉴스에 충격과 혐오감을 느꼈다"고 공식적으로 언명하면서 크리스퍼를 임상 연구에 사용하는 기준을 세우자고 전 세계 과학계에 촉구했다. 이런 노력은 계속되고 있지만(116쪽, '크리스퍼에 대한 합의' 참고), 이렇게 논란이 많은 문제에 대해 국제적 합의를 이끌어내기가 무척 힘들었다. 많은 과학자(크리스퍼의 개척자인 에마뉘엘 샤르팡티에와 장펑을 포함해)는 배아와 난자, 정자, 그리고 이것들을 만드는 세포들에 사용할 만큼 이 기술이 충분히 안전하다는 것이 증명될 때까지 생식 계열 세포의 유전자 편집을 잠정적으로 유보하자고 제안했다.

어떤 사람들은 기준을 세우거나 기술의 안전을 보장하는 것만으로는 충분치 않다고 생각한다. 인간 게놈 프로젝트를 이끈 프랜시스 콜린스Francis Collins는 '세계 최초의 유전자 편집 아기'를 '과학의 서사시적 재앙'이라고 불렀다. 콜린스는 미국 국립보건원(매년 370억 달러가 넘는 정부 예산을 질병과 장애의 예방, 발견, 진단, 치료에 어떻게 사용할지 결정하는 미국 보건복지부 산하 기관) 원장의 자격으로 국립보건원이 "유전자 편집 기술을 사람 배아에 사용하는 것을 지지하지 않는다"라고 공식적으로 천명했다. 후속 인터뷰에서 콜린스는 생식 계열 세포의 유전자 편집을 "인간성의 본질을 변화시키는 것"이라고 부르면서 그것이 이치에 닿는 시나리오를 아무리 찾으려고 해도 보이지 않는다고 말했다.

다른 사람들은 "(생식 계열 세포의) 선을 넘는" 것은 완전한 안전을 절대로 보증할 수 없기 때문에 도덕적으로 받아들일 수 없다고 생각한다. 크리스퍼 기술이 아무리 발전하더라도, 과학자들은 유전자 편집이 사람을 얼마나 많이 변화시킬지 절대로 알 수 없는데, 특히 그 결과를 확인하기까지는 수십 년이 걸릴 수 있기 때문이다. 게다가 당사자(생식 계열 세포의 유전자 편집이 일어날 당시에는 그저 세포 덩어리에 불과했던)는 사전 동의를 할 수 없는데, 사전 동의는 사람을 대상으로 한 임상 연구에서 가장 중요한 조건 중 하나이다.

우리가 유전자 편집을 아무리 잘 이해한다 하더라도, 생식 계열 세포의 변화는 모든 결과를 알 때까지(그 모든 결과가 나타나는 데에는 많은 세대가 걸릴 것이다) 실험 상태로 남을 것이다. 게다가 성공을 정의하려면 더 나은 인류가 무엇을 의미하는지 결정하는 것이 필요하다(114쪽, '신의 역할을 하다' 참고). 이것은 우리 존재의 핵심이 무엇인지 묻는 질문이다.

'세계 최초의 유전자 편집 아기' 이야기가 증명하듯이, 만약 이 기술이 사용 가능하게 되면, 사람들은 결국 그것을 사용할 것이다

그리고 만약 누가 법과 사회 규범을 어기려고 마음먹는다면, 그것을 막기는 매우 어렵다.
우리가 이 문제로 지나치게 유난을 떤다고 생각하는 사람들이 있다. 이들은 생식 계열 세포의 유전자 편집을 체외 수정과 비교하는데, 체외 수정은 한때 열띤 논란을 불러일으켰던 절차에서 일상적인 불임 치료법으로 변한 지 오래되었다.
우리는 불임 부부의 임신을 돕는 순간 이미 선을 넘은 것일까? 유전병 유무에 따라 착상시킬 배아를 선택하는 것—착상 전 유전 진단(121쪽, '착상 전 유전 진단' 참고)—에 대해서는 뭐라고 말할 것인가? 이 기술로 임신된 개인은 선택권이 없으며, 부모는 자신의 아이가 늘 필요한 의료 절차를 받기로 사전 동의를 한다.
생식 계열 세포의 유전자 편집에 대한 반대 중 일부는 사람의 유전체에 유전 가능한 변화를 일으키는 것보다는 배아를 실험적으로 사용하는 것을 쟁점으로 제기한다. 배아가 사람이 되는 시기가 정확하게 언제인가에 대해서는 (종교적 믿음과 도덕적 믿음을 바탕으로 한) 다양한 견해가 있는데, 배아를 연구에 사용하는 방식을 규제하는 법과 규율은 이러한 견해를 바탕으로 정해진다. 만약 배아 대신에 정자나 난자의 유전자를 편집할 수 있다면, 그리고 그 결과로 생긴 배아를 (버리는 대신에) 임신에 사용한다는 단서를 단다면, 논쟁의 방향이 완전히 달라질 것이다.
크리스퍼에 관련된 모든 것과 마찬가지로, 이것 역시 곧 가능해질 것이다.
농업 부문에서의 진전이 우리가 종으로서 앞으로 더 나아가는 데 필요했던 것처럼(6장 참고), 의학 기술 부문에서의 진전은 사람들이 더 오래 그리고 건강하게 살게 해주었다. 생식 계열 세포의 유전자 편집을 중단하자는 주장에 반대하는 과학자들은 그렇게 하면 혁신을 심각하게 방해할 것이라고 주장한다. 크리스퍼는 질병을 치료할 잠재력이 있는데, 우리가 무슨 권리로 그것을 멈춘단 말인가?
사회가 크리스퍼를 사용해 우리의 유전체를 편집하는 능력이 인간 진화의 자연스러운 일부일 가능성도 있다. 어떤 사람들은 이 논쟁의 핵심은 바로 이것이라고 생각한다. 만약 우리가 자신의 유전체를 조작할 정도로 충분히 똑똑하다면(그리고 그럼으로써 생명을 구할 수 있다면), 왜 그러지 말아야 하는가?

착상 전 유전 진단

가족력에 단일 유전자 질환이 있는 부부의 경우, 자식에게 유전 질환이 전달되는 것을 예방하는 한 가지 방법으로 착상 전 유전 진단을 사용할 수 있다. 착상 전 유전 진단은 임신이 완료된 뒤에 유전자 검사를 하는 대신에 배아가 자궁에 착상하기 전에 유전자 검사를 하는 방법이다. 그 방법은 다음과 같다:

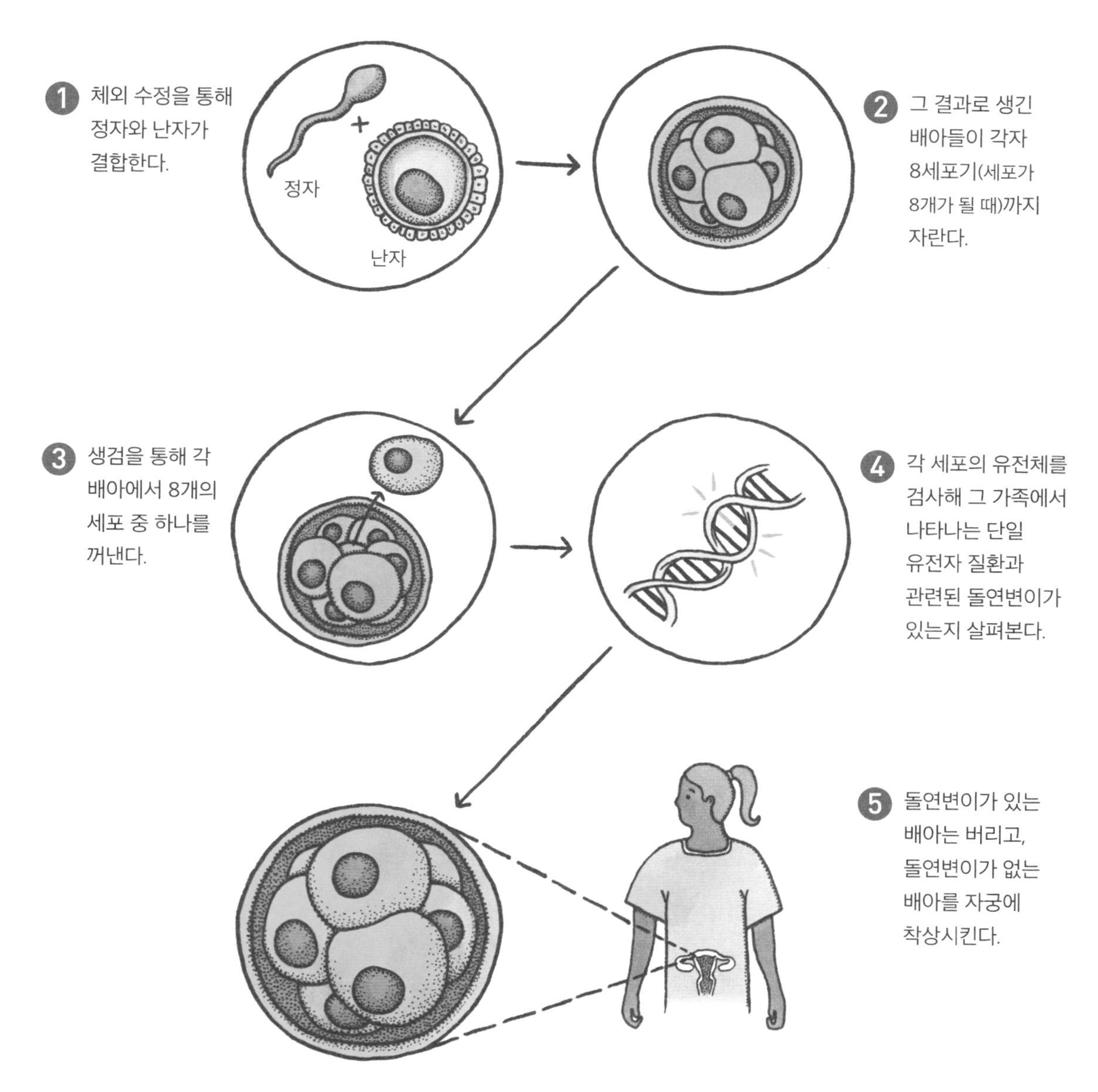

배아를 버린다는 이유로 이 절차에 반대하는 사람들도 있다. 하지만 다른 사람들은 태아 단계에서 유전자 검사를 한 뒤에 임신 중절 절차를 밟는 것보다는 이 절차가 훨씬 낫다고 생각한다. 어느 쪽이건, 어떤 유전자를 다음 세대에 물려줄지 말지 부모가 선택할 수 있다.

예리한 질문

유전자 편집에 대한 여론

지금까지 과학자와 규제 당국, 생명윤리학자의 의견을 많이 들어보았다. 하지만 크리스퍼를 사용해 사람의 유전체에 유전 가능한 변화를 일으키는 문제에는 일반 대중을 포함해 모두의 의견이 중요하다.
2016년에 미국에서 실시된 여론 조사에 따르면, 아기가 질병에 걸릴 위험을 예방하기 위해 유전자 편집 기술을 사용하겠다는 사람과 사용하지 않겠다는 사람의 비율이 50대50으로 갈렸다. 편집 과정을 제어할 수 있다면, 이 절차를 사용하겠다는 의향이 더 높아졌다. 그들은 또한 아기를 일반 인구 집단만큼 건강하게 ("지금까지 산 어떤 사람보다 훨씬 건강하게"가 아니라) 만들 수 있는 변화를 선호했다. 신앙심이 높은 사람들은 생식 계열 세포의 유전자 편집에 반대하는 경향이 훨씬 높았는데, 사람 배아의 검사를 포함할 경우에는 특히 반대가 심했다.
2년 뒤에('세계 최초의 유전자 편집 아기' 뉴스가 나오기 바로 전에) 실시한 조사에서는 아기를 단일 유전자 질환으로부터 보호하기 위한 유전자 편집에 미국인 중 71%가 찬성했고, 암 같은 복합 질환의 위험을 줄이기 위한 유전자 편집에는 67%가 찬성했다. 지능이나 운동 능력을 향상시키기 위한 유전자 편집에는 12%만 찬성했고, 눈 색깔이나 키 같은 신체 특성을 바꾸기 위한 유전자 편집에는 10%만 찬성했다.

여러분은 어떻게 생각하는가? 사람의 유전체에 유전 가능한 변화를 일으키는 데 크리스퍼를 사용해야 할까?

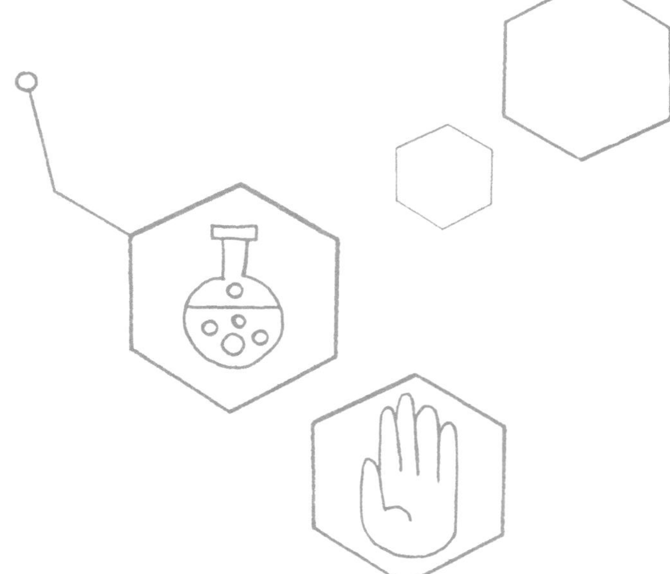

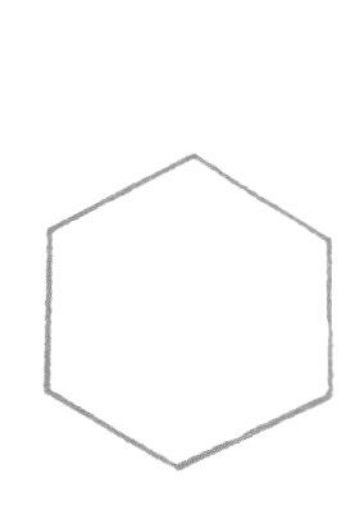

10

미래의 세상은 어떻게 변할까?

크리스퍼는 우리 자신을 포함해 지구에 사는 모든 종의 진화를 제어하는 힘을 준다. 이 기술은 큰 흥분을 자아내는 것이긴 하지만, 완전히 새로운 것은 아니다. 카스9 이전에도 훨씬 값비싸고 효과는 약한 유전자 편집 효소들이 있었다. 그리고 유전자 편집 이전에는 유전자 변형이 있었다. 따라서 "우리가 이것을 해야 할까?"라는 질문은 적절한 질문이 아니다. 우리는 이미 이것을 해왔기 때문이다. 적절한 질문은 "이것을 어떻게 관리해야 할까?"라고 묻는 것이다.
이 책에서 우리는 크리스퍼의 여러 가지 사용 방법에 대한 찬반 의견을 많이 다루었다. 이제 미래를 내다보면서 크리스퍼의 추가 발전에 대해 사회가 '반대'나 '찬성' 또는 '유보' 중 어느 하나를 선택할 때 세상이 어떻게 변할지 상상해보자.

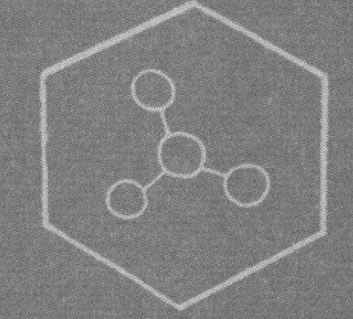

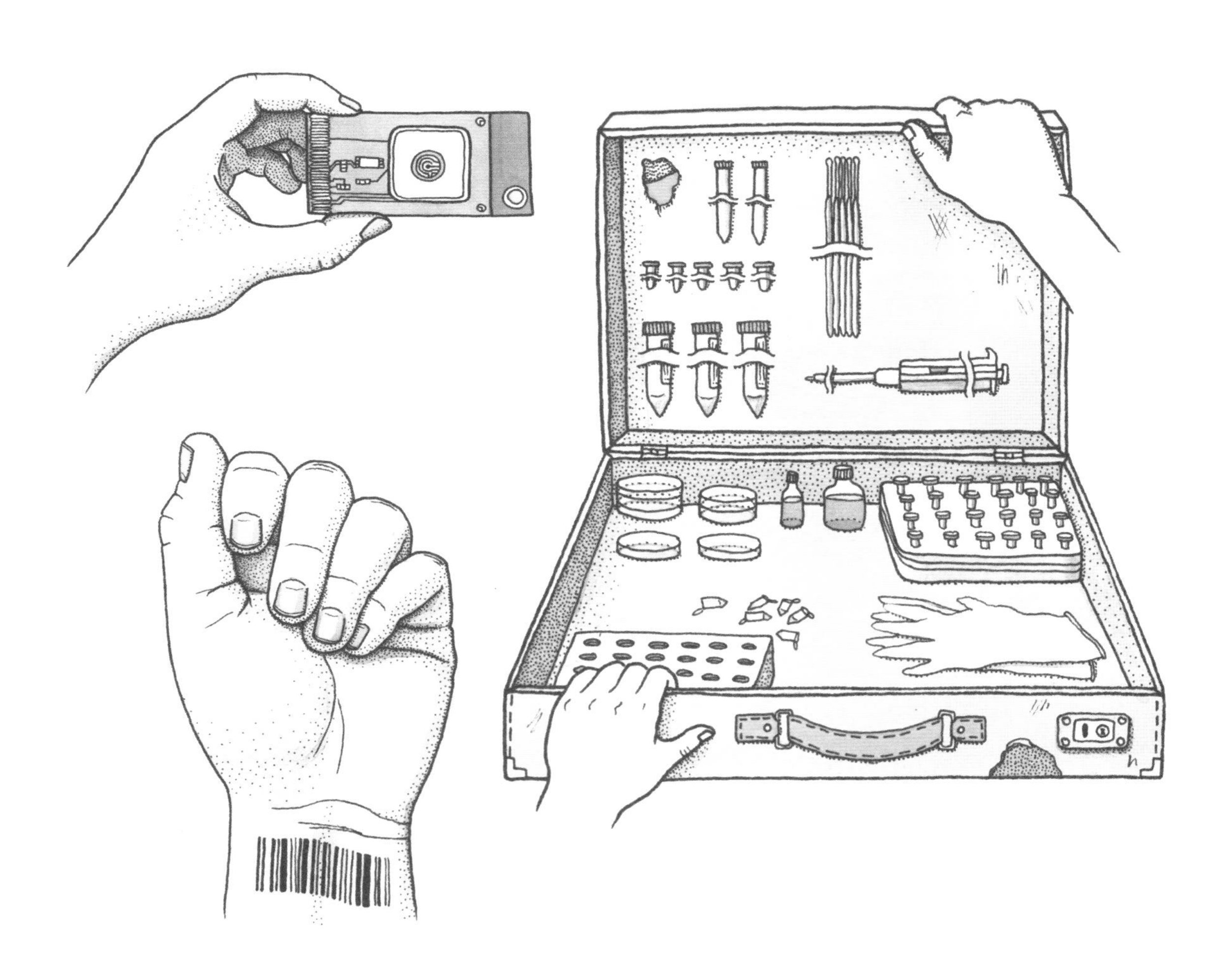

반대

'크리스퍼'란 단어를 입에 올리기만 해도 벌금을 내야 한다. 카스9로 시험관 아기를 만들려고 시도했다고? 한동안 감옥에서 살아야 할 것이다

하지만 이것은 아무것도 아니다. 크리스퍼를 사용해 세상을 구하려는 지하 조직과 접촉했다면, 처형을 당할 수도 있다. 그저 어머니가 쓰는 염색약에 포함된 발암 물질에 노출되는 위험 없이 머리카락 색을 바꿀 수 있는 DIY 크리스퍼 키트를 암시장에서 구입하려는 사람도 있을 것이다. 하지만 이마저도 위험하다. 그리고 많은 비용이 든다. 바이오해커들에 대한 감시가 이전보다 훨씬 심해졌기 때문이다. 나머지 사람들에 대해서도 마찬가지지만.

일단 크리스퍼가 발견된 이상 그것을 '발견되지 않은' 것으로 되돌릴 수는 없다. 유전자 편집을 금지하는 데에는 전체 과학계의 동의와 협력이 필요하다. 만장일치의 합의에 이르기는 불가능하기 때문에, 전 세계적 차원의 엄격한 감시와 법 집행이 필요할 것이다. 크리스퍼의 사용을 멈추면, 질병에 맞서 싸우고 기후 변화 속에서 늘어나는 인구에 자원을 공급하려는 사회의 노력도 멈출 것이다(적어도 서서히). 그리고 법을 어기거나 사회 규범을 무시하려는 사람들이 염색약처럼 단순한 용도로 크리스퍼를 사용하지 않을 가능성이 높다.

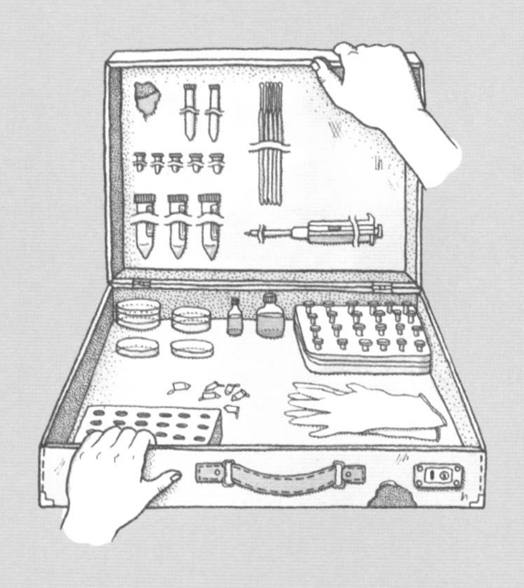

찬성

오늘은 일진이 좋지 않다. 이미 출근이 늦었는데, 버스 뒤쪽에 앉아서 가야 한다. 바코드 문신이 내가 유전적으로 열등하다는 것을 알려주기 때문이다

나는 버스 창문의 화면을 끌 수 있었으면 얼마나 좋을까 하고 생각한다. 화면에는 늘 보던 광고가 나오고 있는데, 처음 봤을 때보다 전혀 나아진 것이 없다. 크리스퍼를 사용해 사람들을 더 똑똑하게 만들면 창조성도 사라진다는 사실을 예측한 사람이 왜 아무도 없었을까? 텔레비전에서 볼 만한 걸 마지막으로 본 게 언제였더라? 거의 30년은 지난 것 같다.

크리스퍼의 발전 속도와 많은 잠재적 용도의 위력을 감안하면, 이것은 아주 빠르게 통제 불능 상태에 빠질 가능성이 높은 기술이다. 아무리 사람의 건강을 증진하거나 멸종 생물을 구할 수 있다고 장밋빛 전망을 내놓아도, 미끄러운 비탈길이 곳곳에 널려 있다.
어떤 유전자 편집은 한 가지 문제를 해결하는 동시에 또 다른 문제를 만들어낼 것이다. 질병과 차이를 구분하는 판단을 시장에 맡기거나, 의욕이 넘치는 투자자에게 유전자 드라이브 기술의 제어를 맡기면, 파괴적인 결과를 초래할 수 있다. 이것은 사회 일부가 손을 떼고 빠져나가겠다고 해서 해결되는 문제가 아닌데, 유전자 편집은 전체 생태계에 영향을 미치기 때문이다.

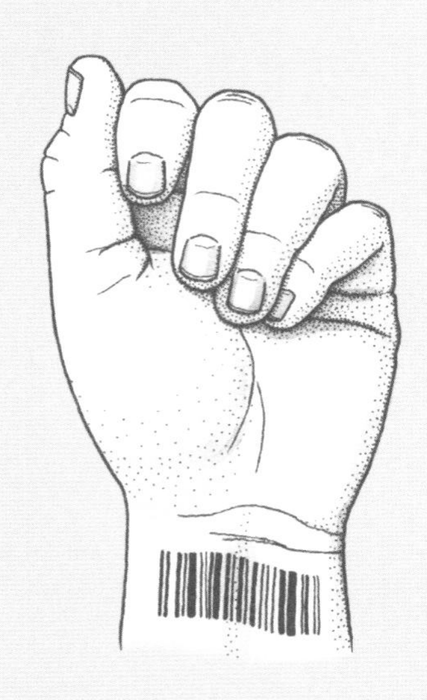

아침에 일어났더니 컨디션이 좋지 않다. 그래서 크리스퍼 칩을 향해 손을 뻗는다

재빨리 스캔해보니 건강에는 아무 문제가 없다. 유전체에 새로운 돌연변이가 나타나지도 않았고, 바이러스나 세균이 침입한 증거도 없다. 병에 걸리지 않고 가뭄에 잘 견디며 큰 낟알이 맺는 옥수수로 만든 감자 칩을 일터로 가는 도중에 아침으로 먹으려고 집어든다. 나는 지구상의 모든 종에 가한 유전자 편집을 목록으로 작성해 유전체의 서열 변화에 대한 데이터베이스를 만드는 조직인 '크리스퍼 커츠'에서 일한다.

크리스퍼가 성공하려면(그리고 우리가 종으로서 지구에서 성공하려면), 크리스퍼를 어떻게 사용할지 혹은 사용하지 말아야 할지 전 세계적인 합의에 이르도록 시간과 에너지를 충분히 쓰는 것이 필요하다. 그것은 쉬운 일이 아니지만(모든 사람을 어떤 견해에 동의하게 하는 것은 결코 쉽지 않다), 이 기술을 책임 있게 사용하는 방법을 찾을 수만 있다면, 우리가 지금 당장 예측할 수 없는 방식으로 큰 혜택을 얻을 가능성이 높다.

지금까지 일어난 사회의 큰 진전들과 마찬가지로 크리스퍼 기술이 우리를 어디로 데려갈지는 아무도 알 수 없다. 1980년대에 휴대 전화가 처음 나왔을 때, 모든 사람이 어디에서나 휴대 전화를 사용하고, 사진에서부터 프로그래밍에 이르기까지 온갖 일에 그것을 사용하는 미래를 상상한 사람은 아무도 없었다.(그 당시만 해도 휴대 전화는 매우 비쌌고 벽돌보다 무거웠다!) 스마트폰은 그 나름의 부정적 측면도 있겠지만, 전 세계 사람들의 의사소통과 정보 접근, 개인 안전을 크게 향상시켰다. 크리스퍼도 휴대 전화처럼 곧 널리 사용되면서 상상하지 못했던 방식으로 우리의 삶을 크게 향상시킬지 모른다.

하지만 원자력 같은 발견처럼 크리스퍼는 양날의 검이다. 1932년에 어니스트 러더퍼드Ernest Rutherford가 원자를 쪼개는 법을 알아냈을 때, 그는 이 발견이 냉전을 초래하고 세계를 핵전쟁의 위험으로 몰아넣을 것이라고는 꿈에도 생각지 못했다. 원자력은 화석 연료의 사용을 줄였지만, 핵폐기물을 만들어내고 원자력 사고를 초래했다. 크리스퍼는 질병을 치료하고 늘어나는 세계 인구가 기후 변화에 적응하도록 도와줄 수 있다. 하지만 그와 동시에 차세대 군비 경쟁과 우생학 운동, 생물 테러의 위험을 초래할 수 있다.

미래는 불확실하지만, 한 가지만큼은 분명하다. 크리스퍼는 이미 개발되었다. 앞으로 몇 년 동안 크리스퍼의 사용에 대해 어떤 결정이 내려지는지 보면, 미래의 세상이 어떻게 될지 추측하는 데 큰 도움이 될 것이다.

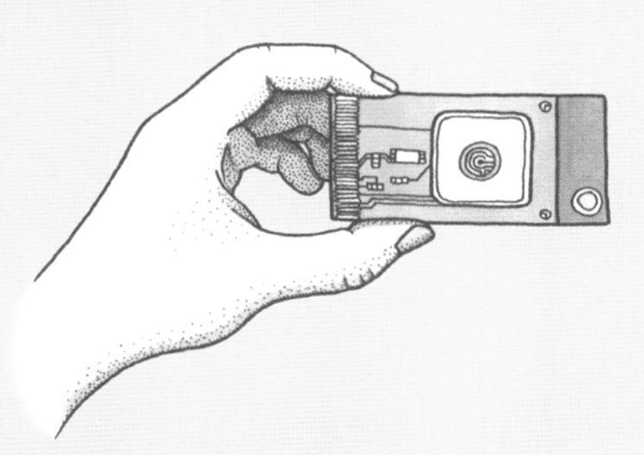

더 볼 만한 자료와 정보

책

Doudna, Jennifer A., and Samuel H. Sternberg. *A Crack in Creation: Gene Editing and the Unthinkable Power to Control Evolution*. New York: Houghton Mifflin Harcourt, 2017

Gonick, Larry, and Mark Wheelis. *The Cartoon Guide to Genetics*. New York: HarperResource, 1991

Metzl, Jamie. *Hacking Darwin: Genetic Engineering and the Future of Humanity*. Naperville, IL: Sourcebooks, 2019

Zimmer, Carl. *She Has Her Mother's Laugh: The Powers, Perversions, and Potential of Heredity*. New York: Dutton, 2018

다큐멘터리

Unnatural Selection (TV series). Directed by Joe Egender and Leeor Kaufman. Netflix, 2019

Human Nature (film). Directed by Adam Bolt. The Wonder Collaborative, 2020

TED 강연

Doudna, Jennifer. "How CRISPR lets us edit our DNA." September 2015. https://www.ted.com/talks/jennifer_doudna_how_crispr_lets_us_edit_our_dna

Henle, Andrea. "How CRISPR lets you edit DNA." January 2019. https://www.ted.com/talks/andrea_m_henle_how_crispr_lets_you_edit_dna

Jorgensen, Ellen. "What you need to know about CRISPR." June 2016. https://www.ted.com/talks/ellen_jorgensen_what_you_need_to_know_about_crispr

웹사이트

"Human Gene Editing" https://geneticliteracyproject.org

https://www.vox.com/2018/7/23/17594864/crispr-cas9-gene-editing